高高国际　出品

活跃着健康酵母菌的

天然发酵面包

[韩] 高尚振 著
俱可欣 译

民主与建设出版社

图书在版编目（CIP）数据

天然发酵面包 /（韩）高尚振著；俱可欣译. -- 北京：民主与建设出版社，2015.4
ISBN 978-7-5139-0643-2
Ⅰ.①天… Ⅱ.①高… ②俱… Ⅲ.①面包－制作
Ⅳ.①TS213.2
中国版本图书馆CIP数据核字（2015）第086360号

天然发酵面包

出版人　许久文
著　者　［韩］高尚振
译　者　俱可欣
责任编辑　刘　芳
整体设计　北京高高国际文化传媒有限责任公司 Beijing GaoGao International Culture Media Group Co. Ltd
出版发行　民主与建设出版社有限责任公司
电　话　（010）59417749　59419770
社　址　北京市朝阳区阜通东大街融科望京中心B座601室
邮　编　100102
印　刷　北京时捷印刷有限公司
成品尺寸　710mm×1000mm　1/16
印　张　12.5
字　数　194千字
版　次　2015年9月第1版　2015年9月第1次印刷
书　号　ISBN 978-7-5139-0643-2
定　价　39.80元
注：如有印、装质量问题，请与出版社联系。

有益菌

酵母

乳酸菌

作者序

新手制作对身体有益的天然发酵面包

仅仅几年之前，还有很多人不知道天然发酵面包是什么。但是现在几乎人人都知道这是用天然酵母制作的、对身体很有益处的健康面包了。这就是天然发酵面包人气上升的证明。

如果说以前在家里制作面包来吃，其本身是一件重要的大事，那么现在，超越单纯的家庭烘焙水准，用健康的食材、健康的方法进行烘焙已经成了时尚话题。

天然发酵面包，即用各种各样的食材来制作鲜活的发酵种，再用这些发酵种进行发酵的、充满了我们的诚心和努力的面包。也正因如此，才有了浓厚的味道和对身体大有裨益的成分给予我们回报——终归不是件吃亏的事情！

在国外，很久之前就可以买到天然发酵面包，人们在家里烤制天然发酵面包也是很自然的事情，而接受亲朋赠与的天然发酵种，或者购买粉末制成的商品也不是难事。

“如此多见的天然发酵面包，为什么在我们这里几乎没有被传开呢？”这样的想法总是让我感到遗憾。所以，我根据自己过去5年进行的种种研究写就了此书，现将关于天然发酵面包的一切公之于众。希望通过本书，人们能够轻松制作天然发酵面包，欣享吃健康面包的浓浓幸福。

为了方便任何人都能在家里轻松制作天然发酵面包，本书包含了制作所需的一切细节。不仅仅是步骤，甚至从发酵种是如何制成的原理开始。总之为了达到简单易学，实用有趣，真是费尽了心血。

为了改变那些觉得“对身体有益的健康面包都不好吃”的偏见，本书囊括了从豆沙面包、黄油面包、菠萝包等大家都爱吃的“香甜口”，到比萨、薄煎饼、糖饼等受到很多人喜欢的零食面包，选择多多，品种丰富。当然，印度薄饼、酸种面包、Khubz（阿拉伯面包）等世界各地的天然发酵面包也不会被落下。

由于书中“菜谱”是比照烘焙初学者的需要准备的，所以对那些已经是“烘焙老手”的各位可能会显得过于简单。但是，因为太期盼人们都会做天然发酵面包的那一天早日到来，所以为了便于推广普及，本书的结构被设计得相对简单。

谨以此书献给读者们，希望通过它能够使更多人对天然发酵面包形成正确认识，并尽早与之熟悉起来。

고상진

高尚振

CONTENTS 目录

Chapter2

天然发酵面包的制作

Part1 清淡柔软的基本面包 

Part2 充满香醇的原味黄油面包 

Part3 用好吃的馅料填满的填充面包

Part4 坚果和谷物的盛宴，健康（well-being）面包 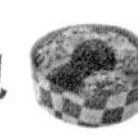

Part5 制作容易的简便面包 

Part6 水果和蔬菜满满的果蔬面包

贴 士

活跃着健康酵母菌的

天然发酵面包

从制作发酵种，到烤面包

一看就懂！天然发酵面包的制作方法

制作液体菌种

选择水果、蔬菜、谷物等天然材料，装在消过毒的瓶子里，倒入水使其发酵。（详细步骤请参见 P22~23）

1 把材料放在消过毒的瓶子里，倒入水，盖上瓶盖。

2 把盛放着材料的瓶子放在 25~26℃左右的室温下 3~5 天，使其发酵。

3 发酵进行的同时，发酵种的颜色会变得浑浊，有气泡上浮，产生像发酵水果酒一样的甘甜香味。

制作原种

把液体菌种、面粉、盐混合在一起，再一次使其发酵。（详细步骤请参见 P24）

1 把液体菌种、面粉、盐盛放在瓶子里混合，在 25~26℃的温度下发酵 24 小时。

2 24 小时之后再加入水、盐、面粉，重新再发酵 12 小时。

3 2~3 天后，发酵完的原种就完成了。

用各种各样的水果、蔬菜、谷物等材料制作液体菌种，完成的液体菌种与面粉混合，制作原种。在面团里加入原种，在面团膨胀之后，做出想要的形状，烤制，营养充分的天然发酵面包就完成了。

制作面包

将加入原种后制作出的面团发酵，烤制面包。（面团制作请参见 P56~57）

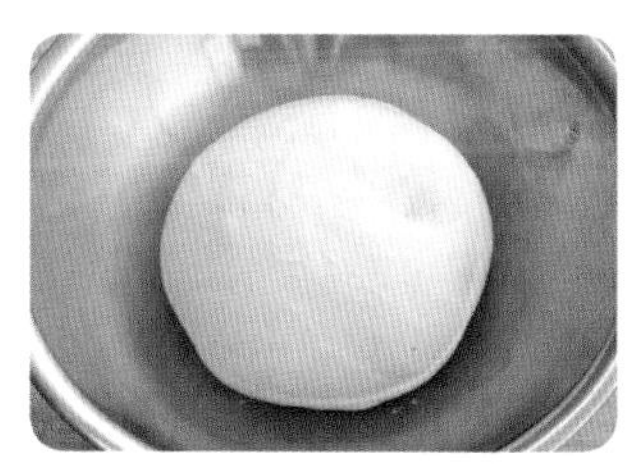

1 加入原种制作出面团，在27℃温度下放置 2~3 小时，使其进行第一次发酵。

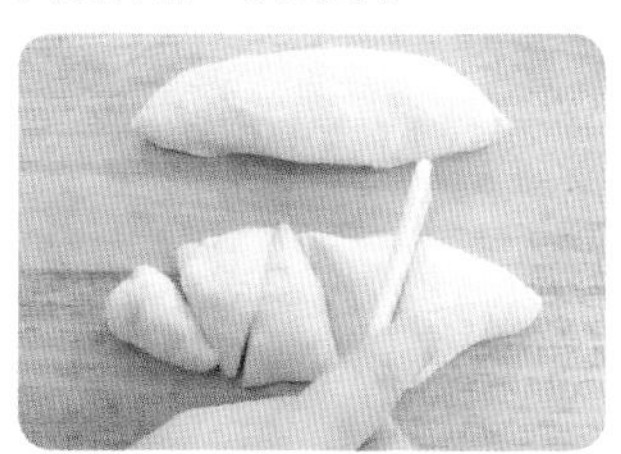

2 在第一次发酵后的面团上撒上面粉，转移到案板上，用刮刀分成合适的大小。

3 用一只手轻轻握着面团，在手掌里揉圆，使面团表面变得光滑。

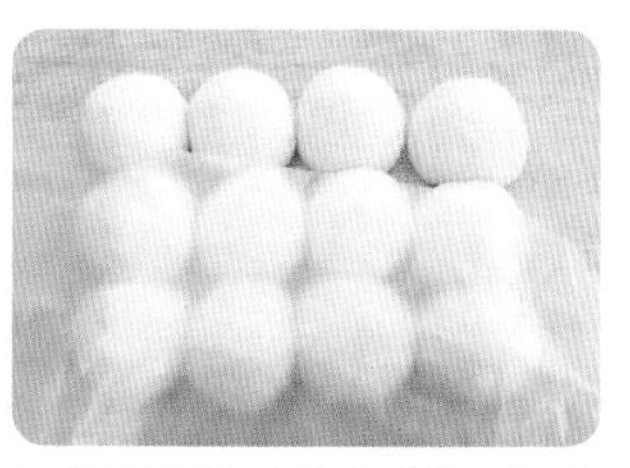

4 把面团用塑料布盖住，防止面团变干，在室温下醒 20~30 分钟。

5 将醒好的面团一个一个揉圆定型，整齐摆放在烤盘里。

6 在面团上盖上塑料布，放在 27~30 ℃的温度下发酵 90~120 分钟。发酵后的面团放在预热过的 190℃烤箱里烤 10 分钟。

制作面包，准备好材料就完成了一半

想要做烘焙，除了面粉、黄油、鸡蛋等基本材料之外，还会接触到一些多多少少有些陌生的材料。了解各种材料的用途和特点，恰当使用。

面粉

按照麸质（面筋）含量的多少分为高筋粉、中筋粉、低筋粉。麸质含量高的高筋粉用来制作面包，麸质含量低的低筋粉用来做饼干或者蛋糕。中筋粉常用在一般的面类料理中。制作天然发酵面包时使用的有机面粉是不用农药、使用有机堆肥栽培然后加工的面粉，它的制作没有经过漂白或者药品处理过程。

全麦粉

没有去麸皮、整粒研磨出来的，所含纤维、矿物质、维他命等比起一般面粉来都更为丰富的面粉。用全麦粉制作面包，营养丰富、口味醇香。

黑麦粉

制作健康面包的时候经常用到的材料，纤维、维生素、矿物质都比普通面粉更丰富。黑麦粉加入得越多，面包的颜色就越暗，更加不容易膨胀，而且会夹生。为了制作黑麦面包，需要同时使用酸种才能补充、完善这样的缺点。

五谷杂粮粉

混合了大豆、黑麦、燕麦、全麦、大麦、麦芽等各种谷物制作出的杂粮粉。加入了五谷杂粮粉的面包会呈现深褐色，因为混合了多种谷物，所以有着香醇的味道。用五谷杂粮粉制作面包的时候，加入的量为面粉的10%~40%左右最好。

红曲粉

将名为红曲霉的发酵菌培养在谷物中，然后制成的粉末。红曲所含有的莫纳可林降低胆固醇的效果很显著。因为其呈现红色，也被用作天然色素。

大酱

作为韩国代表食品的大酱，在发酵过程中产生的有益成分不仅能够预防各种成人疾病和癌症，还能中和烟、酒、重金属的毒性，解毒作用突出，最近有在面包等各种料理中被应用的趋势。用大酱制作面包的话，就连外国人也不会再有反感，大可安心享用。若将大酱加入到面包里的话，一般与蔬菜一起煮或者炒过之后使用。

葵花籽

又香又脆的葵花籽经常在烘焙中被用到。葵花籽所含的植物固醇成分能够起到阻止胆固醇的堆积和净化血管的作用。在平底锅中稍微翻炒一下使用的话，能够做出更香的味道。

核桃

被多样地应用于充当面包、饼干和蛋糕的顶部装饰，或是内部填充材料。内含丰富的亚麻酸、维生素 E，预防血管类疾病和抗衰老的效果显著。因容易变酸，应盛放在密闭容器中，保管于冰箱冷冻室，以便长久保存使用。

茴香籽

被称为茴香的伞形科植物，是被广泛应用在咖喱等各种酱料中的香辛料，尤其是在去除海鲜腥味的时候很有用处。还能够净化血液、促进消化，减肥效果很好。在中东地区制作面包的时候经常被用到。

水果干

（蔓越莓干、蓝莓干、无花果）晒干的蓝莓、蔓越莓、无花果、葡萄干等食材，因为水果味道好且易于保存，在烘焙中经常得以使用。给面包增加酸甜的味道、维生素、纤维等营养，与健康面包本身相辅相成。水果干需要在朗姆酒或者水中泡开之后使用，才能更柔软。

杂果皮

将柠檬、橙子、樱桃等捣碎后晒干，再浸上糖渍之后做成的软糖。甜甜的味道和五彩缤纷的漂亮颜色，使其在烘焙中被广泛应用。同时也是制作托尼甜面包、德国圣诞面包、水果面包的必需材料。

有机砂糖

用有机方法栽培的甘蔗不经过化学精制过程而制作出的砂糖。有机砂糖呈现细微的黄色，比一般砂糖所含的矿物质和维生素等营养成分都更丰富，也使发酵更加容易进行。

麦芽粉

大麦发出的芽被晒干后所得的麦芽的一种。能够辅助面团的发酵，让面包更好地膨胀。主要用在不加糖的法棍面包或者较为坚硬的面包种类中。因其很容易吸收水分，需要密封以使其隔绝空气，并保管在阴凉处。

准备好这些，让制作面包变得更愉快

制作天然发酵面包的时候，用具依然是基础。只有把用具准备好了，制作面包才能更轻松。了解各种各样烘焙工具的特征和用处，可以按照需要正确使用。

计量勺 · 计量杯

为了进行正确无误的计量所需要的烘焙基本工具。计量勺是量取 1 大勺（15ml），1 小勺（5ml），1/2 小勺（2.5ml）等较少量时所用的，计量杯则用于更多量的量取，1 杯是 200ml。刻度清晰的透明材质最方便使用。

秤

秤有电子秤和杆秤两种。在做烘焙的时候因为需要随时计量材料和面团，因此电子称更加方便。购买电子称的时候，选择计量单位为 1g、计量范围为 3kg 左右的产品较为合适。

温度计

在测定材料温度、维持发酵温度的时候会用到。在测量面团的温度的时候，因为要将温度计深深插入面团内部测量，所以需要准备细长的棒形数字温度计。

计时器

在让面团发酵或者烤制面包的时候，帮助正确计算时间的工具。有电子计时器和指针式计时器两种。当在同一个烤箱内烤制两种面包的时候，使用计时器会很方便。

碗

混合材料或者揉面团的时候会用到的工具。应该选择在火上加热，或者冷却较为容易的不锈钢材质。有一定深度、碗口宽大的碗使用起来更好，如果按照大小准备出各种型号，使用将更加方便。

筛子

为了让用在面团里的大部分粉类材料的粒子更加分明，同时给材料中间加入空气使其更蓬松，过筛的过程是必需的。在将各种材料混合到一起的时候也会用到。型号非常小的迷你筛子是将糖粉等洒在面包上进行装饰的时候所需要使用的。

橡胶刮刀

这是在将材料和混合物搅拌均匀、刮下粘在碗上的面团时所使用的工具。硅胶材质的刮刀在高温下也可以放心使用。小的橡皮刮刀在制作奶油或者酱料时使用起来很方便。

毛刷

主要用于在面包上涂刷鸡蛋液、掸掉面团上沾有的面粉等物的时候。为了让面团不会粘在烤盘或者面包框上，将黄油或者食用油涂抹在上面时也会用到。硅胶毛刷不会掉毛，清洗和整理起来也更方便。

打蛋器

在混合材料、打散鸡蛋、制作奶油时使用的工具。打泡的时候又大又密致的打蛋器更好，从搅拌的用途上来看则是型号较小、铁丝稀疏的更好。如果使用手持型电动打蛋器，则更为方便。

擀面杖

将面团擀平或者拉宽的时候使用的工具。选择表面平整、直径3~4cm左右的即可。尽管擀面杖也有塑料材质的，但木质的擀面杖更加常用。木质擀面杖在使用后务必晾干水汽后进行保存。

喷雾器

促使面团发酵或者放进烤箱内烤制之前，都要给面团喷水，这时会用到喷雾器。最好选择喷嘴容易调整、水滴喷洒均匀的产品。使用之后清洗干净，进行干燥使其不留水汽，然后妥善保管。

面包割口刀

在面团上划出刀口的时候使用的工具。刀刃薄、有弧度，能够划出自然的图纹。售卖制作西式面点工具的地方可以买到，没有这种割刀的时候，也可以使用刀刃像锯齿一样的水果刀。

刮板

用在把面团分为几个小团或者合为一个的时候、切断饼干或者梳打饼的时候、给面包制作形状的时候等，是方便且有着多种用途的工具。切断或者压碎坚硬的固体黄油时也会用到。刮板有塑料或者金属材质的，形状也有很多种。

帆布

厚重的棉材质的帆布，是促使面团发酵或者制作法棍面包时为了使面团不会很容易变干而用来覆盖的。帆布在使用之后应该将上面的面粉抖落干净，保管在干燥的地方。

吐司模具

烤制吐司、磅面包、长崎蛋糕等时候使用的模具。涂抹上融化的黄油或者橄榄油之后再放面团，才能容易脱模。有贴膜的吐司模具则不需要另外涂抹黄油和橄榄油。烤制正方形的吐司时，一般使用带有盖子的吐司模具。

咕咕洛夫模具

烤制王冠形状的面包或者蛋糕时使用的模具。中间有孔，能使面团的表面和中间都均匀受热，容易烤熟。使用咕咕洛夫模具的话，初学者也能够做出像样的面包形状。

面包发酵篮

盛放面团、使其发酵的时候使用的篮子，整体用原木或者竹子制作而成。有长的椭圆形和圆形两种，在对天贝、酸种面包等健康面包进行发酵的时候，用来盛放面团。因为篮子是木质的，能够维持面团的温度，使面团发酵得更好。

一次性玛芬杯

用纸做成的、有着各种各样形状和大小的一次性纸杯。在烤制玛芬或者托尼甜面包时使用，有很多种图案和形状可供选择。不需要另外涂抹黄油或者食用油，方便使用。烤好的面包不从杯子里取出，直接作为礼物赠与即可。

冷却架

让烤制完成的面包或者饼干等冷却的时候使用的工具。应当把刚烤好的面包直接放在冷却架上，等到完全变凉之后再放到容器里，这样才不会使面包底部产生水分而发软。

餐桌上的健康风，
天然发酵面包

随着对天然食品关注的增加，
天然发酵面包的风潮正在涌动。
天然发酵面包是用天然酵母代替酵母粉，
使面团膨胀而制作成的面包。
里面不含有化学添加剂，
100% 健康，容易消化、
特殊的醇香、清淡的味道，
完全抓住了现代人的口味。

01 天然发酵面包抓住了现代人的口味

对身体有益、容易消化，最重要的是味道好吃。这就是对最近大热的天然发酵面包的说明。仅仅几年之前，还有很多人不知道天然发酵面包是什么，但是现在它却成为了在社区周围的面包店里也很显眼的人气商品。随着大受欢迎的某些电视剧的放映，天然发酵面包就像一种流行一样蔓延开来。这是将天然酵母加入到面团里，经过长时间的发酵制作而成的、充满了营养与诚意的面包。

曾经只能在个别西饼店里品尝到的天然发酵面包，现在在一些大企业中也正在被开发、商品化。多亏如此，一般的消费者也能够比较容易地接触到它了。

韩国某著名西点制作公司推出了用天然酵母制作的、能够长久维持新鲜度的“天然发酵”系列。另外，韩国某著名百货商场所运营的面包店里，也展示着加入了天然酵母、在 14 小时的低温下催熟制成的天然酵母低温熟成面包。韩国某航空公司则将加入了玛格丽酒的天然酵母和乳酸菌制作而成的传统发酵面包，作为机内零食提供给乘客。随着人们越来越热衷于健康面包，天然酵母面包的进化也将一直持续下去。

02 天然酵母制作面包

为了制作天然发酵面包，首先要做的是培养天然酵母。酵母存在于蔬菜、水果、谷物等我们能够食用的部分当中，养在阳台上的花和草本植物中也含有酵母。只要选择这其中最合适的一种即可。

选择酵母还是应季的食材最好。基本上春天多用草莓种，夏天多用番茄种、葡萄种，秋天使用橘子种或者苹果种最合适，用当年新收的粮食来制作发酵种也不错，冬天则主要用橘子种或者无花果种。

将这些天然材料装在密闭的瓶子里，维持合适的温度，会产生各种微生物，促使其发酵，被称为“天然发酵种”的酵母团就诞生了。将其过筛之后，以液体菌种的形态保存，等到制作面包的时候代替酵母粉放进面团里，就成了天然发酵面包。

03 味道超群，有益健康的 well-being 面包

添加了天然发酵种制作的面包比起用酵母粉制作的面包来，更容易消化，味道也更好。其原因在于，活跃在发酵种当中的各种微生物使面粉分散，变得更容易消化，也丰富了面包的味道和香气。

酵母是将糖分（葡萄糖）作为“食物”从而生存的，吸收糖分的同时产生能量和各种副产物，这个过程被称作发酵。酵母在促使发酵的同时产生出的酒精、二氧化碳、有机酸等各种物质，使得面包膨胀、风味更好。

因此，天然发酵面包不需要类似酵母粉等人工添加剂。只要有了新鲜的材料和合适的时间，其余的酵母都自然会帮你解决好。

酵母粉面包和天然发酵面包被韩国人比喻为“工厂里制作的大酱”和“传统方式发酵制成的大酱”。传统的大酱因为微生物的长时间作用，味道和香气更加深厚，能够产生出具有预防癌症和胆固醇效果的成分。天然发酵面包也同样由于被称为“天然酵母”的微生物的作用，得到了对身体有益、味道和香气更佳的效果。

➪ 天然发酵面包的五大优势

1 **易于消化**：天然食材经过发酵产生的多种微生物，改变了分子，使其更容易被消化，因此比起其他的面粉面包，消化更顺利。

2 **柔和的味道持久留香**：因为微生物的作用，保湿性能得到提高，面包更加柔软、酥松。

3 **没有防腐剂也能保存很久**：各种微生物降低了 pH 值，阻止了霉菌或者有害细菌的生长。因此不需要添加防腐剂，可保存的时间也变长了。

4 **具有深厚的味道和香气**：微生物在发酵过程中产生出了多种多样的发酵物质，使得味道和香气变得很独特。尤其因为使用天然食材进行发酵，所以不会有酵母粉所特有的味道，香气扑鼻。

5 **有益健康**：在各种微生物的作用下，抗酸化酵素等对身体有益的酵素得以产生。抗酸化酵素是能够防止老化、给身体注入活力的酵素。此外，具有清肠效果的酵素也很丰富。

04 不需要酵母粉和食品添加剂的天然发酵面包

酵母粉是选取发酵能力强的酵母菌，加上废糖蜜（抽取了糖分之后的废渣）和化学药品，通过人工培养的发酵菌。主要以压榨、干燥的状态在市场上大量流通的酵母粉，因为使用方便、短时间内就可以使面团膨胀，所以在制作面包的过程中经常被使用。但是它不会产生面包本身的深厚味道和香气，也有着不易被消化的缺点。

大部分西饼店里制作的面包、甜甜圈、饼干等，都使用了包括酵母在内的、被称作“面包助酵剂”的化学成分的食品添加剂。面包助酵剂的作用是给酵母注入营养，促进面团的完成，改善面包的颜色、增大体积、阻止淀粉变质等。在面包助酵剂当中，为了补充被缩短的发酵时间而添加了氮（N）和磷（P）等化学成分，为了补充失去的味道和香气，也添加了其他人工添加剂。

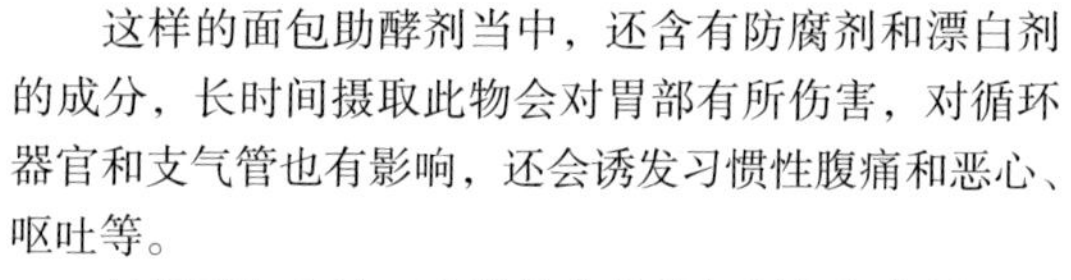
这样的面包助酵剂当中，还含有防腐剂和漂白剂的成分，长时间摄取此物会对胃部有所伤害，对循环器官和支气管也有影响，还会诱发习惯性腹痛和恶心、呕吐等。

仅仅不久之前，这样的食品添加剂在包装纸上还只单纯被标为“酵母类”。近来人们对于人工添加剂的不安已经越来越重，精制酵素、磷酸铵、溴酸钾，磷酸钙、溴酸钙等名词也逐渐被了解。正是如此，现在稍加注意即可选择到用好的食材制作的健康面包，而不是含有对身体有害的食品添加剂的面包了。

特别是多种菌类复合存在的天然发酵面包，需要的酵素能够由其本身来产生，不需要任何添加剂。天然酵素分解了淀粉及其他成分，抑制了变化，组成适于消化的构成，调整了 pH 值，使得保存时间能够持续很久。这就是天然发酵面包最大的长处，同时也是它受到现代人喜爱的原因。

* 面包助酵剂的成分

	面包助酵剂	主要效果	主要成分
发酵助成剂	氮源物质	补充酵母所需要的营养源中最容易缺少的氮	氯化铵 硫酸铵
	pH固定剂	将面团的pH值调整为酵母最容易生长的弱酸性	磷酸钙
	酵素剂	分解淀粉，形成酵母的营养源——麦芽糖	淀粉酶
		分解蛋白质，提高面团的延展性	蛋白酶
面团改良剂	酸化剂	协助麸质的网眼结构的形成，强化面团的韧劲	抗坏血酸，溴酸钾
	还原剂	软化麸质的连接，提高面团的延展性	半胱氨酸，谷胱甘肽
	乳化剂	改善面团的乳化状态，防止淀粉的变化	甘油一酸酯 乳酸钾
	水质改良剂	将水质改变为轻水，增进面团的粘弹性	碳酸钙，硫酸钙
	分散剂	阻止各种成分之间的接触，提高保存能力	淀粉，面粉

⇨ 天然发酵面包的历史

随着农耕社会的发展，人类开始食用面包。最初单纯将谷物研磨之后熬成粥，后逐渐发展为现如今墨西哥的玉米饼、印度恰巴提等将面团做成扁平状烤制而成的面包形态。

公元前4000年左右，曾是美索不达米亚文明中心地带的巴比伦就有了制作面包的工艺。混合了米或者大麦，加入水，糅合而成的这种面包，因其制作简单，成为了古代人的日常饮食。

最早的发酵面包出现在美索不达米亚平原和古代埃及地区。两地当时已经有了水稻的耕种。

最初制作发酵面包是个偶然。当时埃及的一名少年烤完面包之后，把剩下的面团就那么放置在一边了。结果这部分面团因为空气中的酵母菌得以发酵，膨胀了起来。把膨胀的面团烤过之后，竟然成了与当时已有的硬质面包不同的、有着柔软触感的更加可口的面包。原来面团发酵的过程中，产生了很多空气孔，消化也变得更容易，味道和香气都变得更好了。

通过这个契机，埃及人逐渐发展了制作面包的方法和培养酵母的方法。这样的发酵技术从埃及流传到了地中海的各个国家，与此同时，天然酵母发酵种的制作方式也变得更加多样化了。

天然发酵种的制作

制作天然发酵面包，起到最重要作用的，就是天然发酵种。天然发酵种是代替酵母粉，促使面包发酵的基本材料。使用任何谷物、蔬菜、水果、香草植物等都可以。不仅对健康有益、让味道更好，而且制作的方法也很简单。一起来了解一下制作天然发酵种的方法吧。

有益的微生物群，天然发酵种

天然发酵种是制作健康又美味的面包的基本原材料。活跃着各种各样微生物的天然发酵种制造了面包里的多种有益成分。经过长时间发酵产生的各种微生物，代替了那些人工添加剂所行使的职责，把面包本来的味道和香气原封不动地献给我们。让这些不用担心人工添加剂的、健康的慢食面包，一起守护我们的身体吧。

天然发酵种——这种充满了有益菌的神秘液体——是任何人都可以简便制作的。制作发酵种并不需要特别准备什么，也不用花费很多力气，只需要静静等待就好了。

在干净的、消过毒的瓶子里盛上发酵种的材料和水，摇晃之后盖上瓶盖，使瓶子保持一定的温度，酵母们就会咕嘟咕嘟地长起来，成为天然的发酵种。

在天然发酵种里长出的酵母菌能够抑制面包内的水分蒸发，长时间保持湿润的口感，并分解难以消化的物质，使面包易于消化，不会造成胃胀。另外，各种发酵菌会使面团膨胀，让面包更加有嚼劲，营养也变得更丰富，味道和香气也变得更好。

最新的研究结果表明，存在于发酵种当中的微生物能够调节肠道运动，预防便秘和腹泻，降低血液中的胆固醇，甚至还有抗癌的效果。

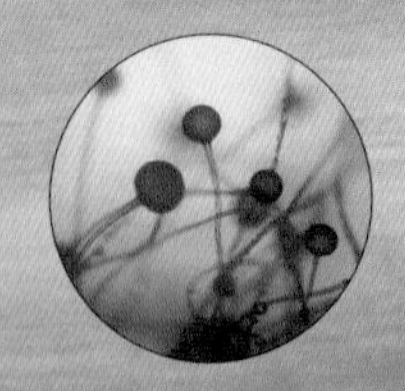

糖化菌

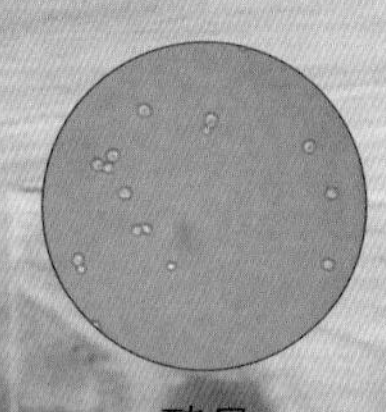

酵母

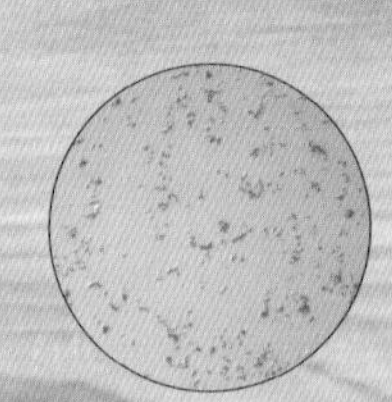

乳酸菌

我们身边常见的谷物、蔬菜、水果、草本植物等都可以成为天然发酵种的原材料。在制作天然发酵种之前，最好先了解一下由不同材料制成的不同种类的发酵种的特征。因为在制作天然发酵面包的时候，随着添加的发酵种的不同，味道和香味也可能会有很大的变化。

用谷物粉末制作的发酵种：制作天然发酵面包时，使用最多的发酵种有黑麦酸种、面粉种、全麦粉种等。相对其他材料而言，谷物制作的发酵种使发酵过程更加稳定，因此几乎在所有面包种类中都可以使用。而且经过翻新之后仍然可以继续使用，非常方便。制作新发酵种的时候，放一部分已经做好的发酵种，这个过程就叫做翻新。经过几次翻新之后，发酵种的发酵能力会越来越高。据说在美国旧金山的一家面包店里，传承了 100 年以上的酸种现在还在使用中。

利用糖化过程制作的发酵种：利用碳水化合物的电解过程制作的发酵种有大米种、糙米种、酒曲种、酒糟种、啤酒种等等。糖化是在没有淀粉分解酵素的天然酵母中，加入酒曲、麦芽、清酒曲等酵素之后，淀粉分解，供给糖分的过程。这个方法不用另外加入糖来促使发酵，而是让酵素直接将需要的糖分供给给酵母，因此发酵能够更加强烈。

用新鲜水果制作的发酵种：葡萄、苹果、草莓、梨、香蕉、木瓜、柚子、柿子等大部分的水果都可以用来制作发酵种，熟成好的时令水果最容易发酵。因为大部分发酵微生物都附着在水果的表皮上，所以要用没经过清洗、带着果皮的水果。水果和谷物不同，含糖量低，能够成为酵母食物的糖分需要另外加进去，发酵才能进行得顺利。几乎不含酸的梨和柿子，则需要额外添加柠檬汁或者柠檬酸。

用水果干制作的发酵种：水果干在各个季节都不难找，操作也方便，因此被广泛使用。主要使用的有杏干、无花果干、李子干、葡萄干等，一般选择不含有添加剂的，或者有机产品。比起新鲜水果，用水果干制作的发酵种在发酵初期会比较缓慢，但是一旦发酵开始进行，发酵能力会明显增强。水果干起初容易长出霉菌，因此最好经常晃动瓶子。

用蔬菜制作的发酵种：制作蔬菜发酵种的时候，选用红薯、土豆、山药、胡萝卜等根类蔬菜是最为合适的。叶状蔬菜和茎部蔬菜虽然维生素丰富，但是糖分少，发酵能力弱，因此用来制作发酵种的话需要另外加糖。洋葱、蒜等味道大的蔬菜经过发酵会产生臭味，所以几乎不用来制作发酵种。

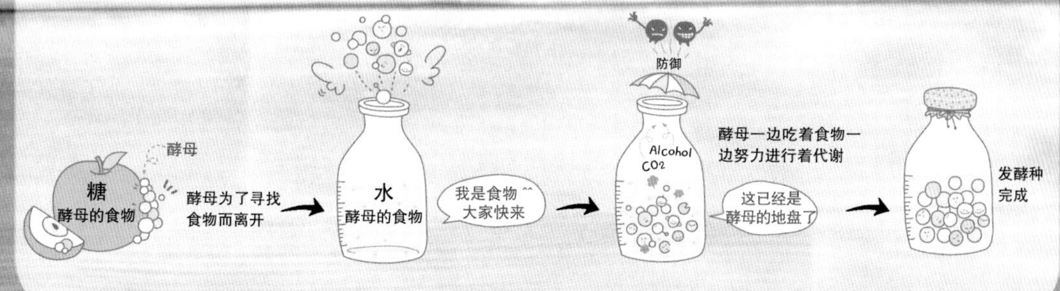

在家制作天然发酵种

发酵种制作完成需要 4~6 天左右的时间，因此最好在制作面包的一周之前把发酵种预先准备好。制作发酵种的时候，每天检查发酵状态是非常重要的。因为这些每天都在增加的酵母，稍不留神就会产生意想不到的变化。

制作

初次制作天然发酵种的话，不妨从葡萄干种开始尝试。葡萄干种发酵能力强，失败率低，材料也无关乎季节可以很容易找到，但是要避免选择表面有涂层的葡萄干。青葡萄干没有经过涂层处理，可以放心使用。

发酵种制作查验清单

☑ 所有用具都经过消毒了吗？

瓶子、瓶盖等所有用具都要彻底消毒之后使用。

☑ 瓶子的大小，水和材料的量都合适吗？

水的量应为材料的 2.5 倍，瓶子也应有充分的空间。

☑ 材料放置了过长时间吗？

材料应尽量使用有机方式培养的、当年生产的。

☑ 瓶盖有经常打开吗？

发酵初期应该每天打开瓶盖，以提供氧气，但是在发酵开始之后不再打开瓶盖。否则会因酒精产生醋酸，有酸味对发酵有所妨碍。

☑ 保持恒温了吗？

制作发酵种最重要的就是保持恒温。温度变化会使发酵菌失去动力，发酵变得缓慢，还可能被其他细菌污染。

☑ 发酵菌的食物充足吗？

发酵菌的食物——糖分如果不足的话，活动无法进行，发酵会变得缓慢，还可能会被细菌污染。如果经过几天发酵仍然不开始的话，可以试着加 1~2 小勺砂糖或者蜂蜜。

材料准备 葡萄干 100g，25~27℃的水 250ml，砂糖 1 小勺，500ml 玻璃瓶

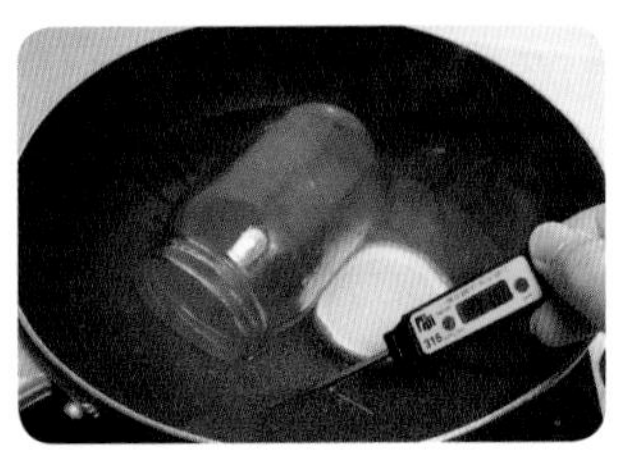

1 消毒 将清洗干净的瓶子放入开水中，盖上锅盖煮 5 分钟。煮过的瓶子倒置在冷却架上，晾干至没有水汽。

2 材料装瓶 将葡萄干、水、砂糖放入消过毒的瓶子里，混合均匀后松松地盖上瓶盖。瓶盖如果盖得过紧的话，会产生气体，瓶子有破裂的危险。

3 保持恒温 将室温维持在春、秋季 28℃，夏季 25~26℃，冬季 27~28℃左右。如果使用恒温发酵机，调节温度就简单多了。（参考 52 页发酵机的制作）

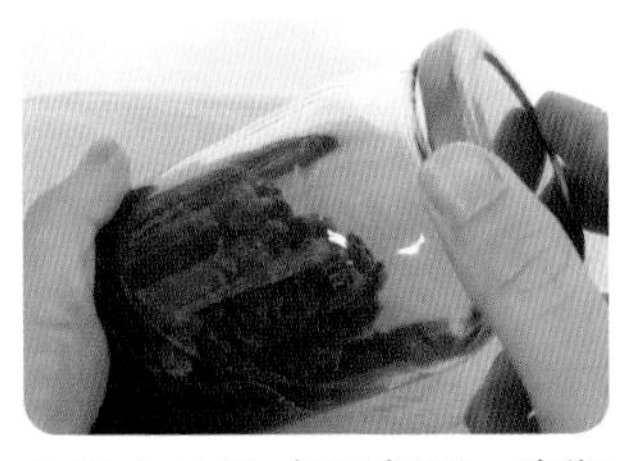

4 混合材料 每天打开一次瓶盖，用消过毒的筷子将葡萄干和水混合，或者将瓶子整瓶晃动，使葡萄干的表面不干燥。

制作完成的发酵种会有用力鼓起的二氧化碳气泡，打开瓶盖的时候会发出放气的声音，同时散发出发酵种特有的与众不同的甜香和酒味，还能感受到二氧化碳放出的味道。颜色浑浊，底部有白色的酵母菌的沉淀物堆积。应该没有强烈的酸味。

5 发酵 每天确认发酵种的气泡、颜色、味道、沉淀物的状态，观察发酵的进行过程。

6 过滤液体 到第5天时，发酵种就制作完成了。将瓶子里的材料倒在筛子上，过滤掉葡萄干渣滓，把液体重新装进发酵用过的瓶子里。

7 保管液体菌种 制作好的液体菌种可以直接使用。装在瓶子放在冰箱里的话，最多可以放置2周时间。

发酵进行状态

第1天 → 葡萄干泡在水里，沉淀在瓶底。

第2天 → 葡萄干吸收水，膨胀上浮。为了防止葡萄干长出霉菌，每天用消过毒的筷子将葡萄干和水混合，或者将瓶子整瓶晃动。

第3天 → 葡萄干膨胀上浮，直到充满了液体，开始结成气泡。液体呈现浅褐色。这时开始停止混合材料的步骤，不再打开瓶盖。

第4天 → 水的颜色变得浑浊，大部分葡萄干上浮到液体的表面。葡萄干表面的气泡增加，发出酒精的味道和类似水果酒发酵时的微酸的味道。

第5天 → 水的颜色变得更深，小气泡从下往上浮。将耳朵贴近瓶身，能听到气泡上浮的声音。瓶底有白色的沉淀物沉积，发出混合了甜甜的葡萄香和酒精的香味。

第1天

第3天

第4天

原种 制作

发酵种成为液体状态之后，加入面粉混合，制作成原种，然后加入到面团里。虽然液体状态也可以直接用在面团里，但是制作、使用原种能使发酵能力大幅提高，因此大多做成原种加入。用谷物粉末制作的发酵种因为最初就不是液体状态，而是原种的状态，所以可以直接使用。

材料准备 液体菌种 100ml，高筋粉 400g，水 300ml，盐 1½小勺

第一天

1 材料装瓶 在消过毒的瓶子里放入液体菌种 100ml、高筋粉 100g、盐 1½小勺，混合均匀后盖上瓶盖。

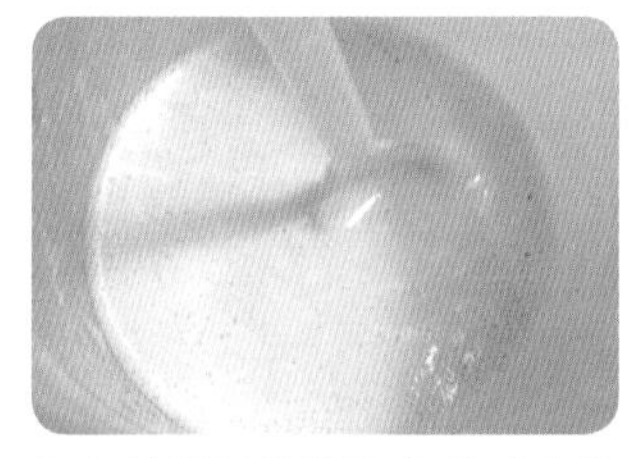

2 保持恒温使其发酵 将盛放着材料的瓶子放在春、夏季 24℃，秋、冬季 26℃的室温下，发酵 18~24 小时。中间打开一次瓶盖，将材料搅拌均匀，放掉气体。

第二天

3 再次盛装材料 经过第一天发酵的原种只留下 100g，其余的丢弃。向剩下的原种中加入高筋粉 100g、水 100ml、盐 1/2 小勺，混合均匀后盖上瓶盖。

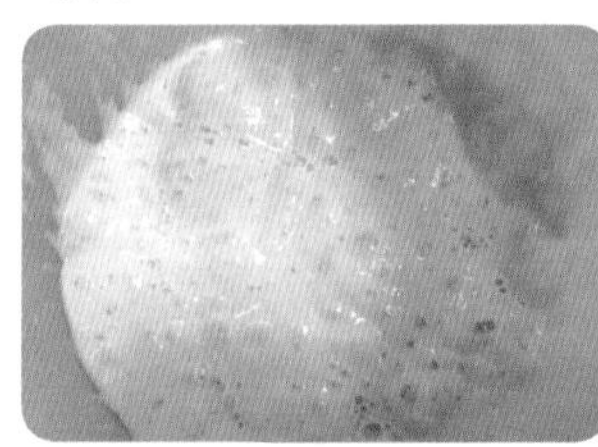

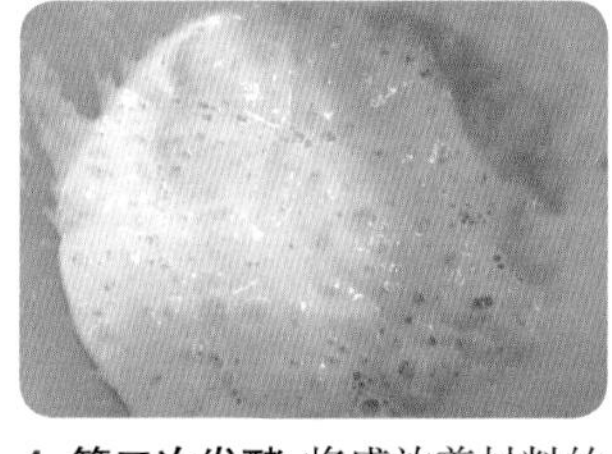

4 第二次发酵 将盛放着材料的瓶子放在春、夏季 24℃，秋、冬季 26℃的室温下，发酵 10~12 小时。中间打开一次瓶盖，将材料搅拌均匀，放掉气体。

第三天

5 重新装瓶 将第二天的发酵原种留下 100g，其余的丢弃。剩下的原种中加入高筋粉 200g、水 200ml、盐 1/2 小勺，混合均匀后盖上瓶盖。

6 保管发酵种 将盛放着材料的瓶子放在春、夏季 24℃，秋、冬季 26℃的室温下，发酵 6 个小时之后就可以直接使用。放进冰箱的话，最多可以保存一周的时间。

让天然发酵种持久使用的保管方法

精心培养的天然发酵种想要经过一段时间继续使用的话，必须要用适当的方法保管。因为发酵种当中活跃着各种酵母菌，很容易变质。下面一起来学习接续使用的更新法、放在冰箱里抑制生长的冷藏法、使发酵种干燥后让微生物进入休眠的干燥法等保管方法。

更新法

在剩下的发酵种中加入 10 倍量的面粉和水，混合后置于 24℃的温度下发酵 24 小时。用相同的方法，将剩余的发酵种不断更新，能够一直接续地使用下去。但是对于用水果制作的发酵种的更新，4 次较为合适。继续进行更新的话可能会产生酸味，改变原有的味道。

冷藏法

维持低温，使发酵菌的繁育减缓的保存方法。对于所有种类的发酵种都适用，操作简便，应用广泛。将发酵种放在 5℃的冰箱里，液体菌种可以保存 1 个月，原种可以保存 2 个星期。冷藏保管的发酵种虽然可以直接使用，但是如果加入两倍量的面粉，发酵一天左右再使用的话，发酵能力会更好。

干燥法

去除发酵种的水分，让发酵菌进入休眠的方式。这样干燥后的发酵种可以放在常温中保存一年的时间。当需要再次使用时，将 1 大勺水和 2 小勺干燥的发酵种溶化，再混合 15g 高筋粉，放在室温下发酵一天左右即可。制作新的发酵种的时候稍微添加一点干燥的发酵种，还可以起到辅助发酵的作用。用下面的方法试着干燥天然发酵种吧。

材料准备 发酵种 50g，油纸 1 张

1 参照第 24 页的内容将发酵种制作成原种备好。

2 展开塑料薄膜或者油纸，用橡皮刮刀在上面抹开非常薄的一层发酵种。

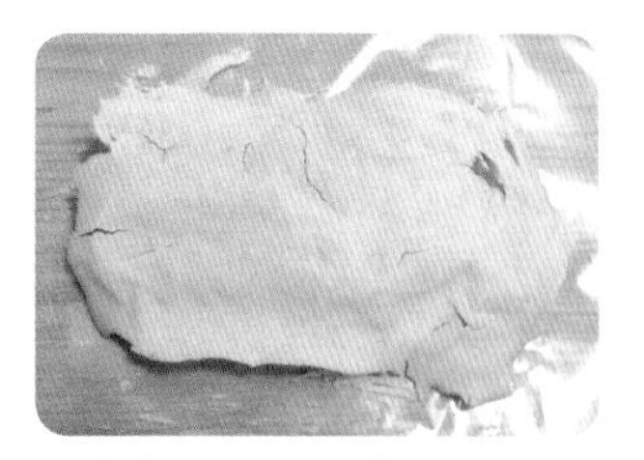

3 放在 40℃的干燥机内或者通风好的温暖的室内，干燥 1 天左右的时间。

4 发酵种完全干燥后，放在舀里捣碎或者用粉碎机研磨成粉。

5 把磨成粉末的发酵种装在密封的容器内，放在冰箱里冷藏保管。

干燥后的发酵种需要再次使用的时候，可将 1 大勺水和 2 小勺干燥的发酵种溶化，再混合 15g 高筋粉，放在室温下发酵一天左右即可。

制作当季的天然发酵种

为了在一年四季里都能制作出健康的发酵种，准备当季出产的新鲜材料非常重要。使用当季的材料制作发酵种不仅味道好、营养丰富，发酵过程也会进行得更加顺利。下面来了解一下能够最大限度发挥材料的成分与效果的各季发酵种的制作要领吧。

春季
草莓种

夏季
番茄种、香草种、葡萄种

秋季
柿子种、糙米种、苹果种、松针种

冬季
胡萝卜·山药种、香蕉种、无花果种、橘子种

四季
酸奶菌种、酒曲种、大米种、天贝种、面粉种、黑麦酸种、啤酒种

春季 Spring

草莓种 ☆☆

春季出产的草莓充满了酵母所需的糖分，浓郁的香味和各种丰富的维生素用来制作发酵种非常合适。选择充分成熟的草莓培养发酵种，3~4 天之内就能顺利完成发酵。使用草莓发酵种制作的面包，会有淡淡的草莓香。

材料准备 草莓 100g，水 250ml，有机砂糖 1 小勺，消过毒的 500ml 玻璃瓶

制作：

1 **材料装瓶：**在消过毒的瓶子里放入草莓、水和砂糖，混合均匀后盖上瓶盖。

2 **保持恒温：**将盛放材料的瓶子放在 25~26℃左右的室温下发酵。

3 **混合材料：**每天打开瓶盖一次，用消过毒的筷子搅匀或者整瓶晃动均匀，使草莓的表面不干燥。

4 **发酵：**

第一天：水稍微有些变红，草莓的颜色变得模糊。

第二天：水变成浓浓的红色，草莓的颜色变白，有些许气泡产生。此时停止搅拌、混合材料，也不再打开瓶盖。

第三天：水变得浑浊，草莓变得皱巴巴的，发出酒精的气味和二氧化碳喷发的味道，并有气泡从下往上浮起。

5 **过滤液体：**将完成的发酵种倒在过滤网上，过滤掉草莓，只把液体重新装回发酵时用过的瓶子里。

6 **保管液体菌种：**液体菌种可以直接使用，保存在冰箱里冷藏的话可以放置一周后使用。

第 3 天

第 1 天

第 2 天

TIP

选草莓的时候，几个大草莓比很多个小草莓效果更好。因为大草莓的表面更宽，酵母能够生长得更多。越是没有用过农药的、熟成好的水果发酵过程进行得就越顺利。

番茄种 ☆☆

用成熟的、色泽红亮的番茄来制作发酵种吧。比起一般的番茄，小番茄（圣女果）更容易发酵。番茄中含有起到强烈抗氧化作用的番茄红素和丰富的维生素，营养层面上的优势也非常突出。如果能使用自家栽培的有机小番茄，更是锦上添花。

材料准备　小番茄 100g，水 250ml，有机砂糖 1 小勺，消过毒的 500ml 玻璃瓶

制作：

1 **材料装瓶：**将小番茄切成两半，放入消过毒的瓶子里，加入水和砂糖，混合均匀后盖上瓶盖。

2 **保持恒温：**将盛放材料的瓶子避开直射光线，放在 26℃左右的室温内，发酵结束之前保持恒温不变。

3 **混合材料：**每天打开瓶盖一次，用消过毒的筷子将材料上下搅匀，使小番茄的表面不干燥。

4 **发酵：**

第一、二天：水稍微有些变黄，小番茄的表面有些许气泡产生。

第三天：小番茄全部浮在水的上部，表面的气泡变得更多一些。这时开始停止搅拌、混合材料，也不再打开瓶盖。

第四天：发出一些酒精的气味和二氧化碳喷发的味道，水和小番茄表面产生很多气泡。

第五天：水变成浑浊的黄色，瓶底有白色沉淀物产生。

5 **过滤液体：**将完成的发酵种倒在过滤网上，过滤掉小番茄，只把液体重新装回发酵时用过的瓶子里。

6 **保管液体菌种：**液体菌种可以直接使用，保存在冰箱里冷藏的话可以放置一周后使用。

第 5 天

第 1 天

第 3 天

TIP

完成的番茄种不经过过滤、直接放入冰箱保存，使用之前再用过滤网过滤的话效果会更好。大部分的酵母都沉淀在底下，因此使用前要摇晃一下，并最好在 2 周之内用完。

香草种 ☆☆☆

薰衣草、迷迭香、百里香、薄荷、牛至等香味好的香草植物能够起到缓解紧张、舒缓疲劳的作用。制作发酵种的时候，哪种香草都可以，不过还是以初夏生长的新芽最为合适。香草种比起其他发酵种来，发酵能力弱，发酵的时间较长。

材料准备 迷迭香 20g，水 200ml，有机砂糖 1 小勺，消过毒的 500ml 玻璃瓶

制作：

1 **材料装瓶**：将香草剪成合适的长短，放进消过毒的瓶子里，加入水和砂糖，混合均匀后盖上瓶盖。

2 **保持恒温**：将盛放材料的瓶子避开直射光线，放在 26℃左右的室温内，发酵结束之前保持恒温不变。

3 **混合材料**：每天打开瓶盖一次，用消过毒的筷子将材料上下搅匀，使香草的表面不干燥。

4 **发酵**：

第一、二天：水变得有些浑浊，能够看到一两个气泡。

第三天：水变得更加浑浊，香草表面有气泡形成。这时开始停止搅拌、混合材料，也不再打开瓶盖。

第四天：有气泡从瓶底向上浮起，发出混合着一些酒精和香草的气味。

第五天：水变成褐色，瓶底有白色沉淀物产生。表面充满了气泡的泡沫。

5 **过滤液体**：将完成的发酵种倒在过滤网里，过滤掉香草，只把液体重新装回发酵时用过的瓶子里。

6 **保管液体菌种**：液体菌种可以直接使用，保存在冰箱里冷藏的话可以放置一周后使用。

第 5 天

第 1 天

第 3 天

TIP

香草种适合用于制作佛卡夏面包和阿拉棒等意大利面包，制作法棍面包的时候使用也很好。使用自己栽培的香草，发酵会进行的更好。

葡萄种 ☆

一颗成熟的葡萄上大约附着着 1 亿万只以上的酵母菌。正因如此，葡萄发酵得比其他水果都要快且旺盛。因为需要使用未经清洗的带皮的葡萄，所以最好准备有机葡萄。

材料准备 有机葡萄 100g，水 250ml，有机砂糖 1 小勺，消过毒的 500ml 玻璃瓶

制作：

1 **材料装瓶：**将葡萄放入消过毒的瓶子里，加入水和砂糖，混合均匀后盖上瓶盖。

2 **保持恒温：**将盛放材料的瓶子避开直射光线，放在 26℃左右的室温内，发酵结束之前保持恒温不变。

3 **混合材料：**每天打开瓶盖一次，用消过毒的筷子将材料上下搅匀，使葡萄的表面不干燥。

4 **发酵：**

第一、二天：葡萄的表皮裂开，有些许气泡形成。水也变得有些浑浊。

第三天：水有些变红，发出葡萄酒的香气，开始有气泡上浮。这时开始停止搅拌、混合材料，也不再打开瓶盖。

第四天：水变成很红的颜色，瓶底有白色沉淀物产生，气泡充满了表面。

5 **过滤液体：**将完成的发酵种倒在过滤网里，过滤掉葡萄，只把液体重新装回发酵时用过的瓶子里。

6 **保管液体菌种：**液体菌种可以直接使用，保存在冰箱里冷藏的话可以放置一周后使用。

第 4 天

第 1 天

第 3 天

TIP

完全成熟的葡萄只需要 3~4 天就足够成为发酵种。不够成熟、有些发硬的葡萄可能 5 天过去了还是不能发酵。这时可以再加 1 小勺有机砂糖，然后观察它的状态。

柿子种 ☆☆☆

秋季 Autumn

柿子含有丰富的维生素 C，能够缓解疲劳；还有丹宁成分，能够保护和坚固胃黏膜。一起用如此对健康有益的秋季甘柿子（硬质）来制作柿子种吧，不知不觉间就会咕噜咕噜地摇身一变，成为非常棒的发酵种了。用柿饼代替柿子也可以哦。

材料准备 甘柿子 100g，水 250ml，有机砂糖 2 小勺，柠檬汁 1/2 大勺，消过毒的 500ml 玻璃瓶

制作：

1 **材料装瓶：**将柿子切成 2×2cm 大小的块状，放进消过毒的瓶子里，加入水、砂糖和柠檬汁，混合均匀后盖上瓶盖。

2 **保持恒温：**将盛放材料的瓶子避开直射光线，放在 25℃左右的室温内，发酵结束之前保持恒温不变。

3 **混合材料：**每天打开瓶盖一次，用消过毒的筷子将材料上下搅匀，使其表面不干燥。

4 **发酵：**

第一、二天：水稍微有些变黄，有一两个气泡形成。

第三天：水变得有些浑浊，柿子漂浮在水的上部。水的表面生成了很多气泡，发出酒精的香气。这时开始停止搅拌、混合材料，也不再打开瓶盖。

第四天：水变成很黄的颜色，瓶底有白色的沉淀物产生。

5 **过滤液体：**将完成的发酵种倒在过滤网里，过滤掉柿子，只把液体重新装回发酵时用过的瓶子里。

6 **保管液体菌种：**液体菌种可以直接使用，保存在冰箱里冷藏的话可以放置一周后使用。

第 4 天

第 1 天

第 3 天

TIP

柿子种的 pH 值较高，在发酵过程中容易生长出其他杂菌。如果杂菌扩散开来，会发出臭味及发酵停止的现象，因此最好提前加入柠檬汁来降低 pH 值。

糙米种 ☆☆☆

米糠和胚芽都完好的糙米当中，均匀分布着维生素、糖分、蛋白质、纤维、矿物质等各种营养成分。一起让糙米发出新芽来，制作发芽糙米吧。发芽糙米的发酵过程会更顺利，营养也加倍。

材料准备 发芽糙米 50g，水 500ml，有机砂糖 1 大勺，消过毒的 800ml 玻璃瓶

制作：

1 **材料粉碎：**将发芽糙米和水、有机砂糖混合后放入搅拌机里磨碎。

2 **材料装瓶：**把搅拌机粉碎过的材料放进消过毒的瓶子里，盖上瓶盖。

3 **保持恒温：**将盛放材料的瓶子避开直射光线，放在 25℃左右的室温内，发酵结束之前保持恒温不变。

4 **混合材料：**每天摇晃瓶子一次，使里面的材料混合均匀。

5 **发酵：**

第一天：呈现类似于韩国的玛格丽酒（或者酒糟）的不透明的白色，能够看出粥样的浓稠质感。

第二天：出现分层，上面的部分变成黄色，下面是白色的。有很多气泡从下往上浮起，水的表面生成了很多泡沫。留有一些麦芽特有的土腥味。

第三天：泡沫稍微减少一些，发出带有清爽感觉的酒精的香气。

6 **过滤液体：**将完成的发酵种倒在细密的过滤网里，过滤掉粗糙的粒子，把其余的部分重新装回发酵时用过的瓶子里。

7 **保管糙米种：**液体菌种可以直接使用，保存在冰箱里冷藏的话可以使用一周。

第 3 天

第 1 天

第 2 天

TIP

制作发芽糙米：将 100g 糙米洗净，泡一夜，然后在盖了湿润纱布的托盘上均匀铺开，厚度在 2mm 以内。为了避免水分蒸发，用湿润的纱布覆盖，置于 28~29℃的室温下发酵 2 天。中间需要确认糙米的状态。水汽蒸干的话，用喷雾器洒一些水，保持湿润。有味道产生的话，将糙米和纱布用流动的水清洗一遍。新芽长到 1~2mm 左右的时候，稍微漂洗一下，保管在冰箱内，或者放在阴凉处晾干保管。如果两天之后还没有发芽，则继续观察一两天。

秋季
Autumn

苹果种 ☆

苹果种的香味并不强烈，适合大部分面包。苹果富含酵母所喜爱的葡萄糖、果糖等糖分，酵母生长所需的钾和矿物质也很丰富，发酵起来很顺利。而且还含有能够抑制杂菌繁殖的有机酸，用来做发酵种非常合适。

材料准备 苹果 100g，水 250ml，有机砂糖 1 小勺，消过毒的 500ml 玻璃瓶

制作：

1 **材料装瓶：**将苹果切成 2×2cm 大小的块状，放入消过毒的瓶子里，加入水和砂糖，混合均匀后盖上瓶盖。

2 **保持恒温：**将盛放材料的瓶子避开直射光线，放在 25℃左右的室温内，发酵结束之前保持恒温不变。

3 **混合材料：**每天打开瓶盖一次，用消过毒的筷子将材料上下搅匀，使苹果表面不干燥。

4 **发酵：**

第一、二天：水变成模糊的黄色，苹果的表面有气泡形成。

第三天：水变成浓浓的黄色，有酒精的香气产生。表面上的泡沫变多，气泡活跃地上浮。这时开始停止搅拌、混合材料，也不再打开瓶盖。

第四天：瓶底有白色的沉淀物产生，仍然有气泡上浮。

第五天：表面的泡沫稍微减少，发出酸溜溜的苹果香。如果品尝发酵种的味道的话，只有清爽的酸味，没有甜味。

5 **过滤液体：**将完成的发酵种倒在过滤网里，过滤掉苹果，只把液体重新装回发酵时用过的瓶子里。

6 **保管液体菌种：**液体菌种可以直接使用，保存在冰箱里冷藏的话可放置一周。

第 5 天

第 1 天

第 3 天

TIP

苹果种如果放在冰箱内，可以保存一个月左右。期间需要每周有一两次打开瓶盖，加入 1 小勺有机砂糖。

松针种 ☆☆☆

松针特有的香气很好闻，制作面包的时候非常合适。松针有促进血液流动，坚固血管壁，预防中风和高血压的效果。而且松针的叶绿素能起到造血作用，对于伤口、胃溃疡的治疗都有辅助作用。

材料准备 松针 20g，水 200ml，有机砂糖 2 大勺，消过毒的 500ml 玻璃瓶

制作：

1 **材料装瓶：**将松针剪成合适的大小，放进消过毒的瓶子里，加入水和砂糖，混合均匀后盖上瓶盖。

2 **保持恒温：**将盛放材料的瓶子避开直射光线，放在 25℃左右的室温内，发酵结束之前保持恒温不变。

3 **混合材料：**每天打开瓶盖一次，用消过毒的筷子将松针上下搅匀，使其表面不干燥。

4 **发酵：**

第一、二天：松针上有一颗颗气泡形成，由绿色向褐色变化。

第三天：松针上结成更多的气泡，水的表面充满了泡沫。发出与松针酒香味相似的酸味。这时开始停止搅拌、混合材料，也不再打开瓶盖。

第四天：酸酸的松针酒味道更加强烈，气泡和泡沫大量减少。

5 **过滤液体：**将完成的发酵种倒在过滤网里，滤掉松针，只把液体重新装回发酵时用过的瓶子里。

6 **保管液体菌种：**液体菌种可以直接使用，保存在冰箱里冷藏的话可放置一周后使用。

第 4 天

第 1 天

第 3 天

TIP

松针种适合用来做味道清淡的面包。因为松针内不含糖分，所以需要添加蜂蜜或者有机砂糖。夏天的时候，挤半个柠檬加进去也是提高成功率的方法之一。采摘山上自然生长的松针使用效果更佳。

胡萝卜·山药种 ☆☆

用胡萝卜、山药、苹果、糙米饭、面粉制作而成的胡萝卜·山药种，将对健康有益的材料合为一体，而且富含酵母所需的各种食物。山药种所含的消化酵素淀粉酶能够分解淀粉，制成酵母的食物。发酵能力卓越的胡萝卜·山药种适合用于制作柔软的面包。

材料准备 胡萝卜100g，山药100g，苹果100g，糙米饭100g，有机砂糖2大勺，盐少许，原种150g（参考第24页原种的制作），面粉适量，消过毒的1L玻璃瓶

制作：

1 **材料粉碎：**将山药和胡萝卜洗净去皮，切成适当的大小，苹果带皮切成零散的块状。全部放入搅拌机里绞碎。

2 **材料装瓶：**将搅拌机粉碎过的材料放进消过毒的瓶子里，然后加入糙米饭、砂糖、盐、原种，混合均匀。必须维持几乎没有水分的干涩状态。

3 **保持恒温：**将盛放材料的瓶子避开直射光线，放在30℃左右的室温内，保持恒温不变。

4 **发酵：**

第一个小时：几乎没有水分的干涩状态。

第六个小时：水分几乎完全消失，气泡激烈上浮，产生二氧化碳冲鼻的气味。体积膨胀到2.5倍左右，表面有些分裂。

第十二个小时：有水汽生成，材料变得湿润，小的气泡不断生成。这时起，发酵种就可以直接使用了。

第12小时

第1小时

第6小时

TIP

胡萝卜·山药种不需要再另外制作原种，可以直接用在面团里。用150g胡萝卜·山药种代替原种加入即可。以此方法，发酵种可以不论多少，一直接续使用下去。

香蕉种 ☆☆

只吃一根就能填饱肚子的香蕉是非常容易发酵的水果之一，在非洲地区甚至被用来酿酒。香蕉糖分充足，容易被人体消化吸收，均衡含有维生素、蛋白质、纤维，对身体很有益处。

材料准备 香蕉 100g，水 250ml，有机砂糖 1 小勺，消过毒的 500ml 玻璃瓶

制作：

1 **材料装瓶：**将香蕉剥皮后切成合适大小，放进消过毒的瓶子里，加入水和砂糖，混合均匀后盖上瓶盖。

2 **保持恒温：**将盛放材料的瓶子避开直射光线，放在 28℃左右的室温内，发酵结束之前保持恒温不变。

3 **混合材料：**每天打开瓶盖一次，用消过毒的筷子将香蕉上下搅匀，使其表面不干燥。

4 **发酵：**

第一、二天：香蕉变成褐色，表面上有些许气泡形成。

第三天：香蕉变得皱巴巴的，颜色发黑，水也变得浑浊，同时发出酒精的香味，有气泡有力地从下往上浮起。这时开始停止搅拌、混合材料，也不再打开瓶盖。

第四天：酒精的味道更加强烈，气泡大量减少。

5 **过滤液体：**将完成的发酵种倒在过滤网里，过滤掉香蕉，只把液体重新装回发酵时用过的瓶子里。

6 **保管液体菌种：**液体菌种可以直接使用，保存在冰箱里冷藏的话可放置 2 周。

第 4 天

第 1 天

第 3 天

香蕉种完成之后应该立即用筛子过滤掉香蕉，只把液体保存在冰箱内。最好在 1 周之内使用，但是如果状态较好的话，使用 2 周也没关系。这种情况下需要一周内向其中加入一两次砂糖，每次 1 小勺。

无花果种 ☆☆

无花果干在任何季节都很容易找到，也不像葡萄干那样用油涂层保护着，可以放心使用。在无花果的成熟季节，使用新鲜的无花果代替无花果干，发酵将更加容易。

材料准备 无花果干 100g，水 250ml，有机砂糖 1 小勺，消过毒的 500ml 玻璃瓶

制作：

1 **材料装瓶：**将无花果干切成两半，放进消过毒的瓶子里，加入水和砂糖，混合均匀后盖上瓶盖。
2 **保持恒温：**将盛放材料的瓶子避开直射光线，放在 28℃左右的室温内，发酵结束之前保持恒温不变。
3 **混合材料：**每天打开瓶盖一次，用消过毒的筷子将无花果上下搅匀，使其表面不干燥。
4 **发酵：**
第一、二天：无花果干膨胀浮起，有一两颗漂浮在水面。
第三天：水的颜色变成褐色，非常浑浊。这时开始停止搅拌、混合材料，也不再打开瓶盖。
第五天：发出酒精的香味，有气泡从下往上激烈地浮起。瓶底有沉淀物堆积。
5 **过滤液体：**将完成的发酵种倒在过滤网里，过滤掉无花果，只把液体重新装回发酵时用过的瓶子里。
6 **保管液体菌种：**液体菌种可以直接使用，保存在冰箱里冷藏的话可以放置 2 周后使用。

第 5 天

第 1 天

第 3 天

TIP

无花果干起初容易长出霉菌，需要定期搅拌均匀，特别注意不要让材料变干。如果有些许的霉菌生成，将该部分捞出，继续进行发酵即可。使用新鲜的无花果也没有关系。

橘子种 ☆☆

橘子被称为维生素的宝库，含有丰富的维生素 C 和各种有机酸、纤维等，对美容和身体健康有着卓越的效果。因为橘子也是不剥皮直接使用，所以最好准备有机橘子。

材料准备 有机橘子 100g，水 250ml，有机砂糖 1 小勺，消过毒的 500ml 玻璃瓶

制作：

1 **材料装瓶：**将橘子切成四瓣，放进消过毒的瓶子里，加入水和砂糖，混合均匀后盖上瓶盖。

2 **保持恒温：**将盛放材料的瓶子避开直射光线，放在 25℃左右的室温内，发酵结束之前保持恒温不变。

3 **混合材料：**每天打开瓶盖一次，用消过毒的筷子将橘子上下搅匀，使其表面不干燥。

4 **发酵：**

第一、二天：水转变成黄色，橘子稍微有些膨胀。

第三天：水变成浓浓的浑浊的黄色，橘子表面有气泡产生。

第四天：亮黄色的水变得有些雾蒙蒙的，发出酒精的香味，有气泡在充满活力地上浮。

第五天：气泡略微减少，瓶底有沉淀物沉积。

5 **过滤液体：**将完成的发酵种倒在过滤网里，过滤掉橘子，只把液体重新装回发酵时用过的瓶子里。

6 **保管液体菌种：**液体菌种可以直接使用，保存在冰箱里冷藏的话可以放置 2 周后使用。

第 5 天

第 1 天

第 3 天

用橙子、西柚、柠檬等水果代替橘子，也可以制作出酸酸的发酵种。但是因为柠檬所含的柠檬酸过多容易出现无法发酵的情况，所以不被用来制作发酵种。不过将少量柠檬混合在其他材料中可以起到抑制杂菌繁殖、帮助发酵的作用。

酸奶菌种 ☆

酸奶当中含有丰富的乳酸菌，pH 值低，是酵母生长的有利条件。只要有市面上销售的原味酸奶，就可以很容易地制作发酵种。酸奶菌种用在制作黑麦面包的时候最好，也很适合与水果干一起使用。

材料准备　原味酸奶 200g，水 100ml，有机砂糖 10g，全麦粉 100g，消过毒的 500ml 玻璃瓶

制作：

1 **材料装瓶**：将原味酸奶、水、砂糖、全麦粉全部放进消过毒的瓶子里，加入水和砂糖，混合均匀后盖上瓶盖。

2 **保持恒温**：将盛放材料的瓶子避开直射光线，放在 28℃左右的室温内，发酵结束之前保持恒温不变。

3 **发酵**：

第一天：像稀薄的面浆一样，湿润的状态。

第二天：出现分层，清澈的液体和沉淀物分离，中间出现一道线，有气泡微弱地上浮。

第三天：清澈的液体部分消失，气泡有力地上浮，表面有泡沫产生。发出酸奶的微酸味和酒精的气味。

第四天：气泡稍微减少，酸酸的酒精味变得浓郁。

4 **保管液体菌种**：液体菌种可以直接使用，保存在冰箱里冷藏的话可以放置 2 周后使用。

第 3 天

第 1 天

第 2 天

TIP

购买原味酸奶的时候应尽量选择没有添加物的酸奶。比起市面上销售的酸奶，在家里自己制作的酸奶发酵能力更强。用西藏灵菇制作而成的西藏灵菇酸奶（又名克非尔酸奶）含有能够分解乳糖的酵母，发酵更加容易。

酒曲种 ☆☆☆

将大米或者其他谷物磨成粗糙的粉末，然后搅拌成面糊，再经过发酵就能制成酒曲了。酒曲是对发酵有益的微生物的天堂，酒曲种又被称为“谷子种”，在韩国是从很久以前就沿用下来的发酵种。充满了各种霉菌和酵母的酒曲用来制作发酵种正合适。不同种类的酒曲可以制作出各种各样味道的发酵面包。

材料准备 大米 150g，酒曲 30g，水 220ml，柠檬汁 1 小勺，消过毒的 500ml 玻璃瓶

制作

1 泡开大米后去掉水汽 将大米清洗干净，在水里浸泡 5 小时左右，之后在过滤网上过滤，静置 1 小时左右，去掉水汽。

2 蒸米饭 将泡发膨胀的大米放进蒸锅，中火蒸 40 分钟左右，关火后焖 10 分钟。米饭蒸好后盛到宽敞的托盘里铺展开，晾凉到 35℃左右。

3 材料装瓶 将酒曲和水盛入消过毒的瓶子里，稍微泡一阵后，加入晾凉的米饭，搅拌均匀后盖上瓶盖。

4 保持恒温 将盛放材料的瓶子避开直射光线，放在 28℃左右的室温内，发酵结束之前保持恒温不变。

5 发酵 每天检查发酵种的气泡、颜色、气味，观察发酵的进行状况。

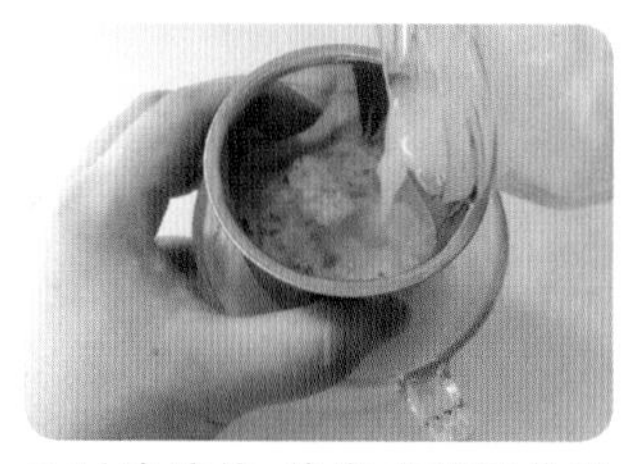

6 过滤液体 将完成的酒曲种倒在细密的过滤网里，过滤掉渣滓，把其余的部分重新装回发酵时用过的瓶子里。

7 保管酒曲种 酒曲种可以直接使用，保存在冰箱里冷藏的话可以放置一周后使用。

酒曲可以很容易地从传统市场的磨坊等地购买到。将酒曲用臼捣碎后，放在阳光下晾晒大约一天再使用，发酵会进行得更好。

发酵进行状态

第 1 天 → 米饭一点点吸收水分后膨胀，体积增大。

第 2 天 → 米饭将水分完全吸收，几乎已经没有水，开始看得到少量气泡。

第 3 天 → 气泡增多，材料膨胀，体积胀大到 1.5 倍左右。有些许水汽生成，发出酒精的气味。

第 4 天 → 米饭几乎全部分解，变成液体状态，发出酒精的气味和类似韩国玛格丽酒的酸酸的香味，有气泡不断上浮。

第 4 天

第 2 天

第 3 天

Plus Tip 发酵种内容易长出的霉菌

制作发酵种久了就会发现，很多时候发酵都还没有开始，就有霉菌产生了。还有霉菌在空气中漂浮着后来生长出来、或者附着在水果的表皮上然后生长起来的情况。

在发酵开始活跃地进行之前，每天一次地翻搅材料，保持表面湿润，这样才能阻止霉菌的生长。如果有些许的霉菌生成，只要将那一部分捞出，就可以继续发酵了。但是如果霉菌长出太多，已经形成孢子的话，就应该果断地丢掉了。因为这部分霉菌能够产生强烈的毒性。

大米种 ☆☆☆

大米种是能够充分维持发酵菌的食物，污染少，被认为是最稳定的发酵种之一。不仅发酵能力强，而且耐糖性强，面包容易膨胀并保有柔软的触感。大米种也被称为酒种，是从日本流传过来的称呼。

材料准备 大米 150g，麹（qū）50g，水 220ml，葡萄干或者葡萄 2~3 颗，消过毒的 500ml 玻璃瓶

制作

1 泡开大米后去掉水汽 将大米清洗干净后，在水里浸泡 5 小时左右，之后在过滤网上过滤，静置 1 小时左右，去掉水汽。

2 蒸米饭 将泡发膨胀的大米放进蒸锅，中火蒸 40 分钟左右，关火后焖 10 分钟。米饭蒸好后盛到宽敞的托盘里铺展开，晾凉到 35℃左右。

3 材料装瓶 将麹和水盛入消过毒的瓶子里，稍微泡一阵后，加入晾凉的米饭，搅拌均匀。在最上面放上葡萄干或者葡萄，然后盖上瓶盖。

4 保持恒温 将盛放材料的瓶子避开直射光线，放在 25℃左右的室温内，发酵结束之前保持恒温不变。

5 发酵 每天检查发酵种的气泡、颜色、气味，观察发酵的进行状况。

6 过滤液体 将完成的发酵种倒在细密的过滤网里，过滤掉渣滓，把其余的部分重新装回发酵时用过的瓶子里。

7 保管液体菌种 发酵种可以直接使用，保存在冰箱里冷藏的话可以放置一周后使用。

大米种当中加入的麹是大米和黄曲霉混合发酵制成的，在酿酒或者酿造酱油等发酵食品的时候使用。因为麹当中没有能够引起发酵的酵母和微生物，所以在制作大米种的时候需要同时加入葡萄或者葡萄干，利用葡萄上的酵母帮助使发酵更加活跃。

发酵进行状态

第 1 天 → 米饭有些膨胀起来。

第 2 天 → 米饭将水分完全吸收，更多地膨胀起来。

第 3 天 → 气泡活跃地上浮，发出强烈的酒精气味，如果品尝味道的话，有浓浓的甜味。材料膨胀，体积胀大到 1.5 倍左右。有些许水汽生成，发出酒精的气味。

第 4 天 → 米饭粒的形态已经消失，产生水汽，变得湿润。气泡依然在活跃地上浮。品尝味道的话，甜味有些减少。

第 5 天 → 上浮的气泡的速度逐渐变慢，发出酸酸的酒精的香味。

第 5 天

第 1 天

第 3 天

Plus Tip **制作麹**

麹是在蒸熟的米饭里混合了黄曲霉之后发酵制成的，被广泛应用在酒、大酱、酱油等各种各样的发酵食品的制作当中。在家里就可以简单制成的麹不但可以用来制作发酵种，还可以试着挑战酿酒或者制作大酱。

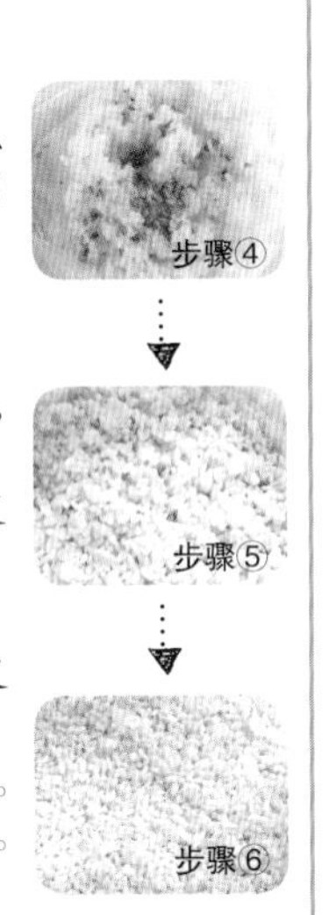

材料　大米 500g，种曲 1g

1 将大米洗净，在水里浸泡 3 小时左右，之后在过滤网上过滤，静置 1 小时左右，去掉水汽。
2 用蒸锅将水烧开后，在上面盖上屉布，放入泡过的大米，再用屉布将大米包裹住。用中火蒸 40 分钟左右，关火后焖 10 分钟。
3 取出焖好的米饭平铺开，晾凉到 35℃左右。
4 将米饭盛在有拉链封口的保鲜袋里，加入种曲混合后，置于 30℃的温度下发酵 3 天左右。
5 大米的表面开始生出白色的菌丝，并且有热产生，打开保鲜袋，将大米搅拌均匀。
6 大米的表面被白色的菌丝覆盖，发出甜甜的香气，则可以判断发酵已经完成了。
7 将完成的麹盛装在保鲜袋里，直接放进冰箱保存。可以放置至一周后使用。

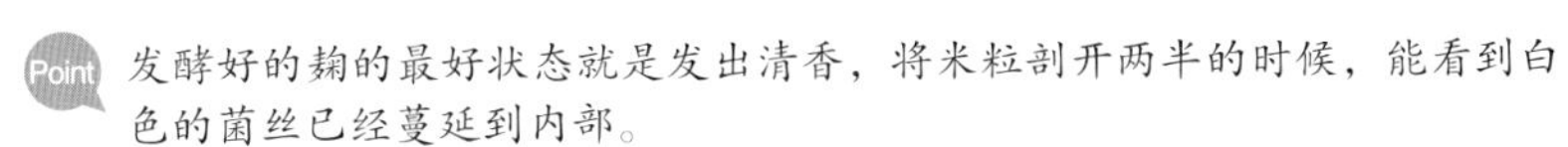

Point 发酵好的麹的最好状态就是发出清香，将米粒剖开两半的时候，能看到白色的菌丝已经蔓延到内部。

天贝种 ☆☆☆

天贝（Tape）是印度尼西亚的传统发酵食品，也是非常好的天然发酵种材料。自然发酵而成的 ragi tape 粉含有大量发酵能力强的菌种，发酵容易进行。用糯米代替粳米使用时，发酵会更加容易。

材料准备 大米 100g，ragi 粉 1 小勺，水 120ml，消过毒的 500ml 玻璃瓶

制作

1 泡开大米后去掉水汽 将大米清洗干净后，在水里浸泡 5 小时左右，之后在过滤网上过滤，静置 1 小时左右，去掉水汽。

2 蒸米饭 将泡发膨胀的大米放进蒸锅，中火蒸 40 分钟左右，关火后焖 10 分钟。米饭蒸好后盛到宽敞的托盘里铺展开，晾凉到 35℃左右。

3 材料装瓶发酵 将 ragi 粉和米饭盛入消过毒的瓶子里，搅拌均匀后盖上瓶盖。放在 30℃左右的室温内，发酵 36 小时。

4 发酵 整体出现白色的菌丝，底部有少许水生成。

5 加水后发酵 在长出菌丝的大米上倒入水，搅拌后盖上瓶盖。放在 30℃左右的室温内发酵。

6 过滤液体 将完成的发酵种倒在细密的过滤网里，过滤掉渣滓，把其余的部分重新装回发酵时用过的瓶子里。

7 保管液体菌种 发酵种可以直接使用，保存在冰箱里冷藏可以放置一周后使用。

Ragi 是大米粉和香草糅合、发酵、干燥后的产物，与酒曲相似。在印度尼西亚，ragi 一般在用木薯粉和糯米制作被称为天贝的发酵食品时使用。因为在印度尼西亚，制作千层糕（印度尼西亚传统点心）或者面包的时候都要使用天贝，可以说是相当重要的食材。

发酵进行状态

第 2 天 → 米饭上能够看到细微的菌丝生长出来。

第 3 天 → 每一粒米粒上都有菌丝生长，被白色的膜包裹着。将米粒剖开两半的时候，能够确切看到内部也有菌丝生长出来。发出甜甜的酒精味。

第 4 天 → 在生长出菌丝的大米上倒上水，搅拌均匀。

第 6 天 → 气泡在活跃地上浮。

第 7 天 → 米粒胀饱了水，漂浮起来，发出酒精的气味，瓶底部有沉淀物生成。

第 7 天

第 2 天

第 4 天

Plus Tip 简单地将发酵种延续使用

发酵种在完成之前，一般需要 3~7 天左右的时间。但是发酵能力好的发酵种，再加上有机果汁，只要一天就可以完成发酵。用新鲜的果汁和强力的发酵种来制作简单的发酵种吧。

材料　100% 有机苹果汁 200ml，发酵能力强的液体菌种 2~3 大勺，消过毒的 500ml 玻璃瓶

1 混合材料：将苹果汁提前取出放在室温下一段时间，之后加入液体菌种混合装入瓶子里。
2 发酵：将玻璃瓶放在 25℃的温度下，发酵 24 小时。
3 完成：如果气泡激烈上浮，发出发酵的味道和发酵种固有的清香，就表示完成了。

面粉种 ☆☆

酸种是被选作发酵种代表的基本发酵种之一，在国内外各种西饼店里被广泛使用，制作一次更可以持续更新使用，非常方便。而且接续使用的时间越久，发酵能力就越强，因此应用范围非常广泛。

材料准备 有机面粉 600g，有机全麦粉 1 大勺，水 600ml，消过毒的 1000ml 玻璃瓶

制作

1 材料装瓶 将 100g 面粉、1 大勺全麦粉、100ml 的水倒进瓶子里，搅拌至产生一些韧劲，然后松松地盖上瓶盖。

2 发酵 将盛放材料的瓶子放在 27℃左右的室温内，发酵 24 小时。如果表面有了气泡生成、发出酸奶味道一样的酸酸的香味，就表示发酵进行顺利。如果发酵进行不顺利的话，再观察一天左右。

第一天

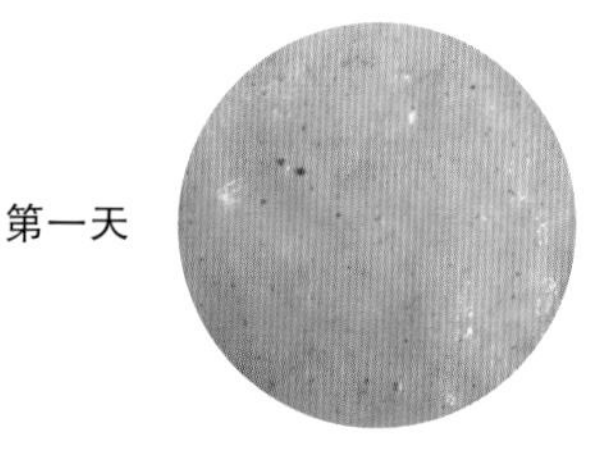

3 混合材料 在 50g 第一天发酵过的发酵种中，加入 100g 有机面粉和 100ml 水，搅拌均匀后松松地盖上瓶盖。

4 发酵 将盛放材料的瓶子放在 27℃左右的室温内，发酵 20~24 小时。如果表面有很多气泡生成、发出酒精味道一样的酸酸的香味，就表示发酵进行顺利。

第二天

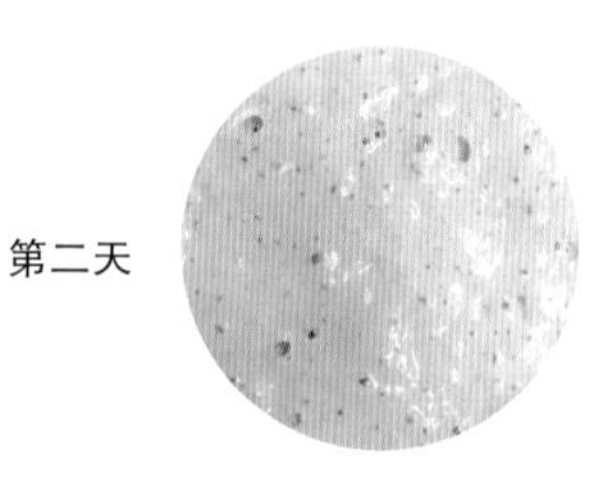

TIP

制作发酵种的时候，加入 1 大勺有机面粉或者 10g 蜂蜜，营养成分会变得更丰富、发酵会更加顺利。从第二天开始，每天加入 1~2g 盐，能够防止杂菌的污染。

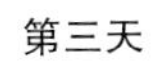
第三天

5 搅拌材料 在50g第二天发酵过的发酵种中，加入100g有机面粉和100ml水，搅拌均匀后盖上瓶盖。

6 发酵 将盛放材料的瓶子放在27℃左右的室温内，发酵18~24小时。发酵种膨胀成两倍体积，发出清新的苹果香和些许酸酸的酒精味道。

第四天

7 搅拌材料 在50g第三天发酵过的发酵种中，加入100g有机面粉和100ml水，搅拌均匀后盖上瓶盖。

8 发酵 将盛放材料的瓶子放在27℃左右的室温内，发酵12小时。酸酸的香味减少，有甜味产生。

第五天

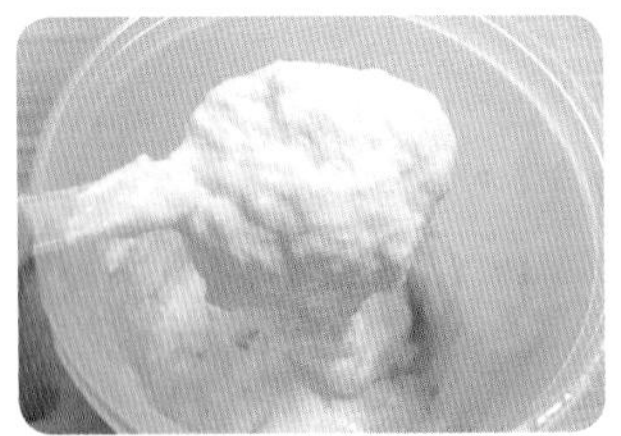

9 混合材料 在50g第四天发酵过的发酵种中，加入100g有机面粉和100ml水，搅拌均匀后盖上瓶盖。

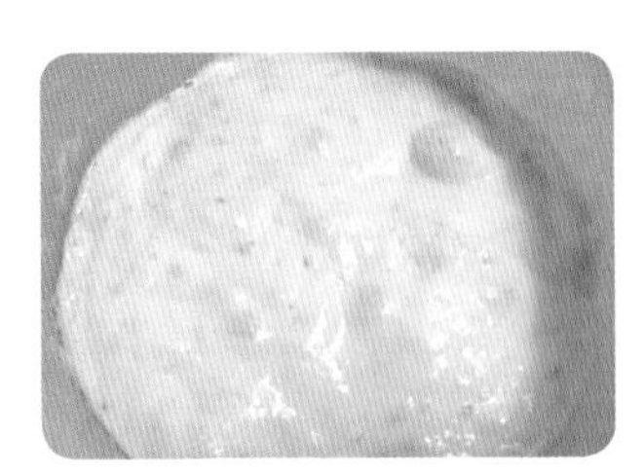

10 完成 将盛放材料的瓶子放在27℃左右的室温内发酵6小时后即可直接使用。保存在冰箱里冷藏的话可以放置一周后使用。

黑麦酸种 ☆☆

在爱吃黑麦面包的德国、俄国、北欧国家，黑麦酸种被广泛使用。用黑麦制作面包的时候，黑麦中所含有的戊聚糖酶、淀粉酶等酵素降低了面团的黏性，使面包变得更硬。但是用黑麦制作发酵种、加入到面团里的话，黑麦面包的缺点就被弥补了，面包变得柔软，也能感受到丰富的黑麦面包的味道。

材料准备 有机黑麦粉 600g，水 600ml，消过毒的 1000ml 玻璃瓶

制作

1 材料装瓶 将 100g 黑麦粉和 100ml 水倒进瓶子里，搅拌至产生一些韧劲，然后松松地盖上瓶盖。

2 发酵 将盛放材料的瓶子放在 27℃左右的室温内，发酵 12 小时。然后用消过毒的勺子搅拌一次，再发酵 24 小时。如果表面有气泡生成、发出谷物的味道和酸酸的香味，就表示发酵进行顺利。如果发酵进行不顺利的话，再观察一天左右。

第一天

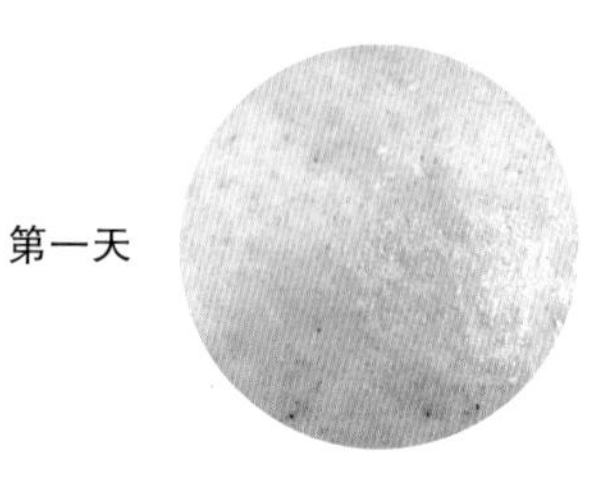

3 混合材料 在瓶中留下 50g 经过第一天发酵的发酵种，加入 100g 黑麦粉和 100ml 水，搅拌均匀后盖上瓶盖。

4 发酵 将盛放材料的瓶子放在 27℃左右的室温内，发酵 24小时。表面有很多气泡生成，搅拌物有些膨胀，发出酸酸的味道。

第二天

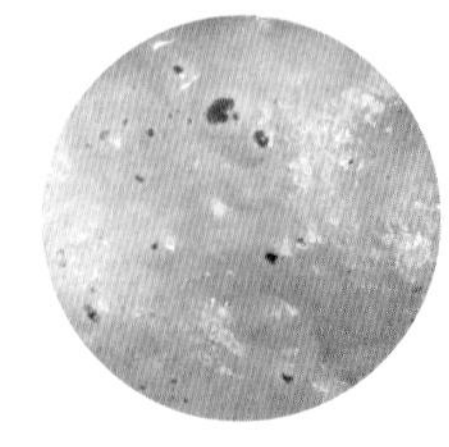

TIP

酸种最大的特点是能够不断延续使用。平时保存在冰箱里，每周一次将酸种和水、黑麦粉以 1：2：2 的比例混合到一起，发酵 24 小时。用这种方式，酸种能够不断反复使用 1 年以上。

5 搅拌材料 在瓶中留下50g经过第二天发酵的发酵种，加入100g黑麦粉和100ml水，搅拌均匀后盖上瓶盖。

6 发酵 将盛放材料的瓶子放在27℃左右的室温内，发酵24小时。酸酸的香味减少，有甜味产生，发酵种膨胀成两倍体积。

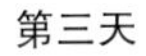

7 搅拌材料 在瓶中留下50g经过第三天发酵的发酵种，加入100g黑麦粉和100ml水，搅拌均匀后盖上瓶盖。

8 发酵 将盛放材料的瓶子放在27℃左右的室温内，发酵12小时。这时发酵种的发酵激烈地进行着，发酵时间也缩短了，发出香喷喷的谷物的味道和酸酸的味道。

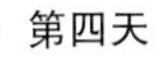

9 混合材料 在瓶中留下50g经过第四天发酵的发酵种，加入100g黑麦粉和100ml水，搅拌均匀后盖上瓶盖。

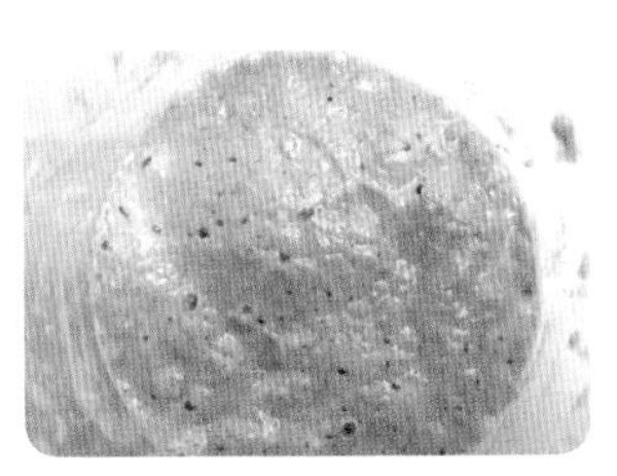

10 完成 将盛放材料的瓶子放在27℃左右的室温内，发酵7~12小时。完成的发酵种可以直接使用。保存在冰箱里冷藏的话可以放置一周后使用。

第五天

啤酒种 ☆☆☆☆☆

据说在商业酵母被开发出来之前，人们都是将啤酒酿造厂里产生的啤酒的沉淀物带回来，制作成面包的。利用这个原理制成的啤酒发酵种用来制作乡村面包类的面包很合适。啤酒种特有的略苦的味道和黑麦面包也非常般配。

材料准备 麦芽250g，水1500ml，葎草7g，啤酒酵母2ml，消过毒的1000ml玻璃瓶

制作

1 加热水 在锅里倒入800ml水，将温度加热到50℃。

2 麦芽 在热好的水里放入麦芽，维持温度在50℃，加热20分钟。为了防止烧焦，中间应搅拌几次。

3 液化 将火开大，把麦芽水的温度提升到65℃，每隔10分钟确认温度，反复开关火，将温度维持在65℃，维持70分钟。为了防止锅底烧焦，用刮刀随时搅拌。黄色的稍稠的麦芽变得像水一样。

4 糖化 用刮刀搅拌液化后的麦芽水，将温度提升至70℃之后关火，盖上锅盖放置20分钟。再重新打开火，将温度提升至78℃之后，放置5分钟。有发甜的气味产生时，即是完成。

5 过滤麦芽 将糖化后的麦芽倒在过滤网里，过滤掉渣滓，只把清澈的水单独盛出来。

6 过滤渣滓 向过滤网里的麦芽渣滓上分三次浇上加热到77℃的水700ml，接住流下的水。

TIP

啤酒酵母和葎草可以从网上商城购买。液态酵母约为韩币15000元左右（约合人民币90元），干酵母约为3000元（约合人民币18元）。第一步至第四步糖化的过程也可以使用电饭锅。在电饭锅里放入相同分量的水和麦芽，保温2~3小时后，继续进行第五步过滤麦芽的过程即可。

7 煮沸葎草 将第五、六步的液体一并倒入锅内，4g葎草盛放在纸质滤袋里，放入锅中，用中火煮50分钟，不盖锅盖。

8 加入新的葎草 经过50分钟后，捞出纸质滤袋，再在新的滤袋中装入3g葎草，放入锅中再煮10分钟。

9 冷却 将煮好葎草的锅泡在冷水中冷却。水变凉后将液体倒入瓶中，小心不要让沉淀物也随着倒进去。

10 发酵 将啤酒酵母倒进瓶中后，插上止回阀（airlock）进行水封，置于20℃的温度内发酵3天。

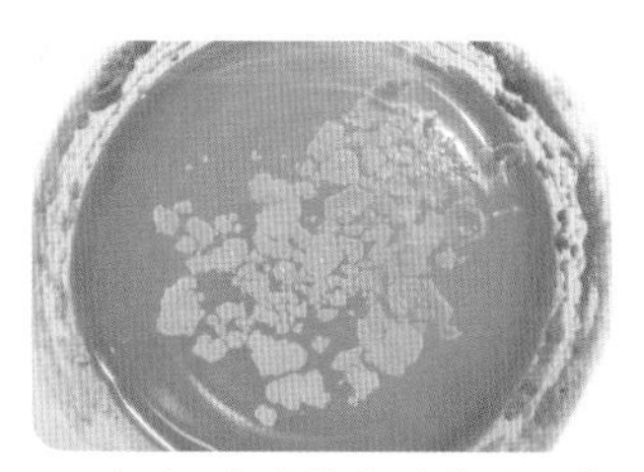

11 保存 完成的发酵种可以直接使用。保存在冰箱里冷藏的话可以放置一周后使用。

发酵进行状态

第1天 → 表面有些许泡沫，呈现褐色。

第2天 → 表面产生很多泡沫，有气泡活跃上升。止回阀每2秒移动1次。

第3天 → 气泡大量消失，液体变得清澈，发出啤酒本身的香气。

制作使发酵变得容易的发酵器

制作天然发酵面包的时候，最重要、同时也最需要费心的，就是维持合适的温度。这时如果有一台发酵器，棘手的发酵过程也能简单又方便地进行了。只要下定决心，人人都能按照步骤做出 DIY 发酵器，一起来试试吧。有了发酵器，不只是做天然发酵面包，制作大酱、酿酒或做酸奶等发酵食品的时候也都可以用得到。

材料准备 泡沫塑料箱子 1 个，电子温度控制器 1 台，插线头 1 米，电线 3 米，电热线 1 米，插座 1 个，铝箔

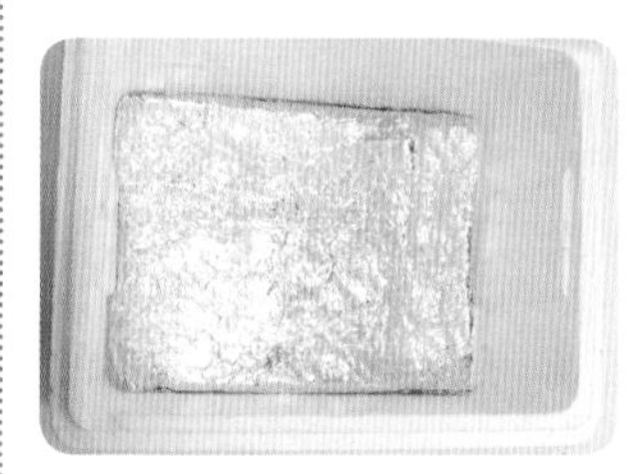

1 **铺垫铝箔纸** 在泡沫塑料箱底部铺上三层铝箔纸。

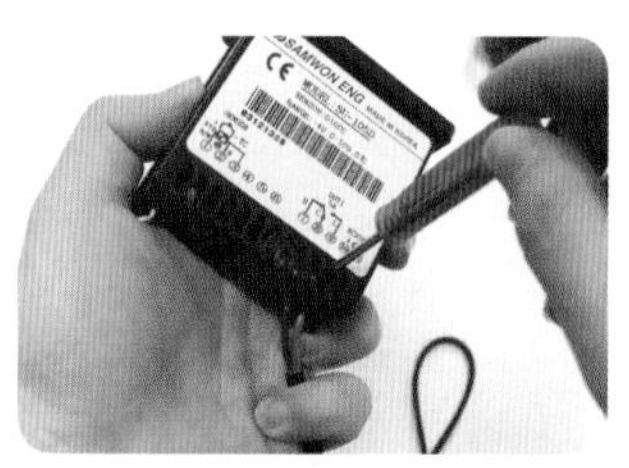

2 **连接插头线** 拧开温度控制器上的螺丝，将去除了绝缘层的插头线接上之后，再将螺丝拧紧。

3 **连接电热线** 剪去电热线的插头部分，剥掉绝缘层，与准备好的电线连接。电线的另一端与温度控制器相连接。

4 **在底部铺设电热线** 将与温度控制器连接好的电热线以“之”字形铺在箱子底部，固定好。

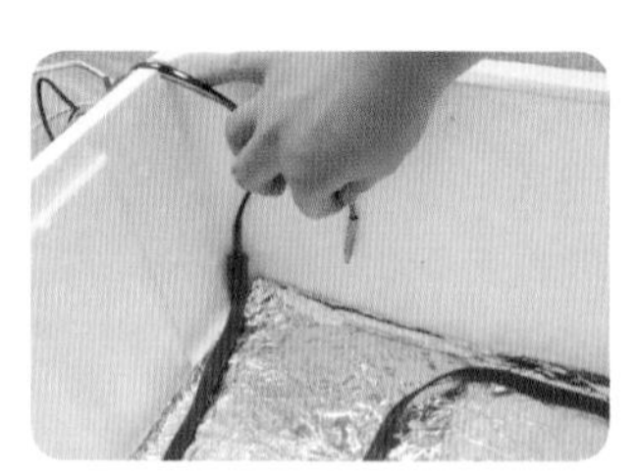

5 **固定温度控制器的感应器** 将温度控制器的感应器放入箱内，固定在与电热线相隔开 1 厘米的位置。温度控制器本身则放在箱子外边。

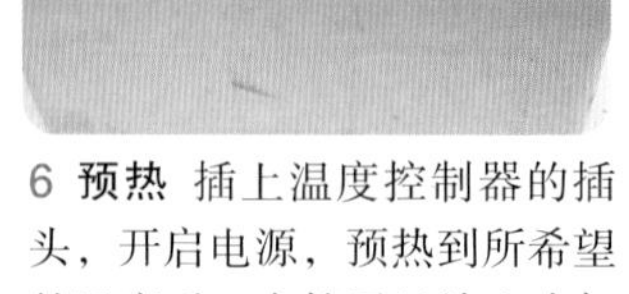

6 **预热** 插上温度控制器的插头，开启电源，预热到所希望的温度后，在箱子里放入冷却网，并把需要发酵的面团或者发酵种放在上面使其发酵。

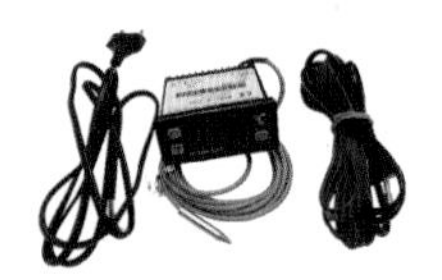

⋆ 电子温度控制器或电热线等用具可以在电子器材店或购物网站上购买。电热线约为韩币 3000 元（约合人民币 18 元），电子温度控制器约为韩币 25000~29000 元（约合人民币 150~175 元）左右，物理温度控制器的价格比电子温度控制器便宜 5000 元（约合人民币 30 元）左右。

制做天然发酵种时遇到的问题

问题：**发酵好好地进行到一半，总是无法顺利完成，该怎么办呢？**

没有将温度维持稳定的时候，发酵往往无法顺利进行。请使用泡沫塑料箱或者自制简易发酵器，将温度保持在25℃左右。需要特别注意的是，当温度降至20℃以下或者高于30℃时，其他杂菌比发酵菌更先滋生的可能性会增加。

如果已经控制好了温度，却还是无法发酵的话，请试着更换材料。表面打过蜡、经过防氧化剂处理的水果，或者是打过农药的蔬菜都不容易引起发酵。这时请选用有机产品。

问题：**制作天然酵母时一定要加入砂糖么？**

为了让酵母更加活跃，糖分——作为酵母的食物是必不可少的。如果制作发酵种的材料本身糖分就十分充足，不另外添加砂糖也没有关系。但是糖分如果不足，酵母生长的速度会变慢、其他杂菌滋生的可能性很高，因此糖的浓度须维持在24brix左右。24brix也就是每100ml的水里有大约24克砂糖的状态。也可以用蜂蜜来代替砂糖加进去，但需要特别注意的是，过多的糖分反而会使酵母活力变低。一般的基准值是：水果100克，水200ml，砂糖20克。

问题：**天然发酵种的气泡突然消失了，为什么会这样呢？**

如果液体菌种中的气泡消失了，说明酵母已经不再继续活动了。这样一来，也没有办法做成原种或者面包了。这可能是因为在过高的温度内进行发酵或者有杂菌生成，也可能是酵母本身进行了自我分解。在发酵过程中，应该尽量防止急剧的环境变化，并保持恒温。

问题：**天然酵母上出现了白色的膜，怎么回事？**

产生白膜的主要原因大致分为两种，一个是受到醋酸菌污染，形成了膜；另一个则是表面生成了野生产膜酵母（Hansenula sp, Pichia sp）。如果是第一种受到醋酸菌污染的情况，做成的面包会发出让人不喜欢的酸味。发现白膜生成时，要将上面的部分材料全部撇去，再将一大勺留下的天然酵母和新鲜的材料、水装进新的瓶子里，盖紧瓶盖，醋酸菌的活动就会被抑制，可以再次生成新的酵母。

如果是产膜酵母就比较难去除了。但如果是在初期稍微有些长出来的情况下，可以试着把上面的部分撇去，再补充一些糖分促进发酵。

问题：**原种的液体和面团分离了，怎么办？**

面团和液体部分分离的现象，表示发酵能力弱或者发酵进行得过度了。这种状况多发现于温度过高或者液体菌种的状态不好的情况下。另外，在冰箱里放置时间太久也可能会产生分离现象。不论是以上哪种原因，总之一旦发生原种分离的现象请不要直接使用，而是要再次拌入面粉进行更新，等发酵能力恢复之后再使用。

天然发酵面包的制作

用制成的天然发酵种做成面团，烤制有酵母活跃着的、会呼吸的天然发酵面包吧。此时需要注意不能过于用力揉搓面团，因为可能会使那些活跃着的酵母死亡。此外，检查面团的发酵状态也很重要，只有发酵不过分，但又充分进行了，才能制成好吃的面包。

基本面团 制作

将下面做好的、结束了第一次发酵的“基本面包面团”加以利用，一起制作各式各样的面包吧。不同的面包所放材料会有些许差异，请按照食谱中记载的计量进行使用，制作面团的要领则参照此处的说明。

材料 高筋粉 250g，盐 5g，砂糖 5g，原种 125g，水 130~140ml，少许面粉

混合材料 将材料分开计量后，粉类材料过筛一次。将粉类材料盛放在宽口的碗里，按照原种、盐、砂糖的顺序混合后，慢慢倒入水，搅拌均匀。

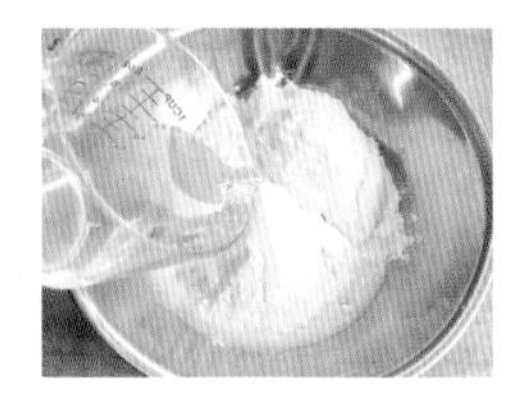

1 将高筋粉过筛，盛放在碗里。按顺序放入原种、盐、砂糖、水。

2 一边用手将粉类材料和原种、水混合均匀，一边揉捏面团。

3 继续揉面团，直到面粉不再飞散，面团合成一体。

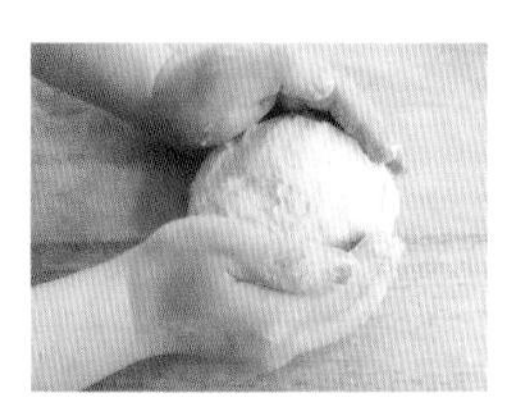

4 面团聚合得很好、成团后，从碗中取出、放在案板上。

调整用在面团中的水量

制作面团的时候，不仅是面粉、发酵种和副材料的状态，甚至还要根据当天的天气，调整加入的水的量和温度。用在面团中的水应该调整为夏季 15℃左右，冬季 25~30℃左右，这样才能制作出最适合发酵的 27℃的面团。

加水的时候，食谱上标注的水量不要一次全部加进去，应该留下 20~30ml 后开始揉面，然后根据面团形成的状况再调整着加入剩余的水。如果一次性将水全部倒了进去，面团搅拌后也可以再加入 20~30ml 的水来调整面团的水分。

从加水搅拌到混合均匀的过程只有控制在 3 分钟之内，才能做出柔软的面包。因为在面粉中加入水进行混合的话，会形成麸质。而麸质完全形成后再加入水和面粉就不会被面团吸收了，也就无法做成纹理漂亮、整体均匀的面团了。搅拌好的面团看起来应该显得柔软而且圆鼓鼓的。

直接揉面法

先在液体菌种中加入面粉制成原种后使用的揉面法，因为能使发酵能力增强，所以被看作是制作面包时必不可少的过程。但是也有将液体菌种直接加入到面团里、烤制面包的方法。虽然比起原种要花上更多的时间，但是却能够保留液种本身的新鲜味道。按照面粉 250g、盐 5g、糖 10g、液体菌种 130ml、水 30ml 的比例将材料混合搅拌后，用保鲜膜覆盖，放在 25℃的温度下 8 小时以上，进行第一次发酵。做好形状后，再进行 2~3 小时的第二次发酵，就可以烤制了。

面包机揉面法

将所有材料都放进面包机，选择和面模式进行搅拌。第一次搅拌动作结束之后，再次从头开始，重复相同的模式，搅拌两次。只有如此，才能形成适合天然发酵面包的面团状态。在还剩下最后 3~5 分钟的时候，加入副材料搅拌即可。

开始和面 材料搅拌均匀后，将初步形成的面团移到案板上，开始用手揉面。一开始面团会附着在手和案板上，但是随着持续揉捏，面团会逐渐变得柔滑而富有弹性。制作过程中可以用刮刀集中分散的面团。

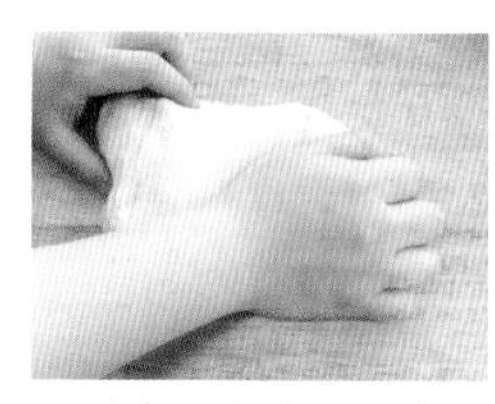

5 手掌用力按压，将面团向前拉长。

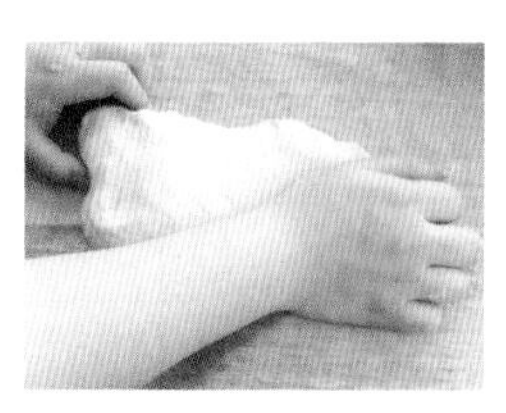

6 使劲揉面，将面团拉至最长。在此过程中，材料逐渐被混合均匀。

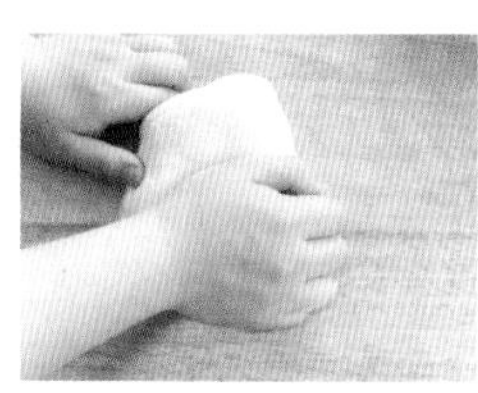

7 将拉长的面团对折后再次向前拉长，重复这个动作 5 分钟。

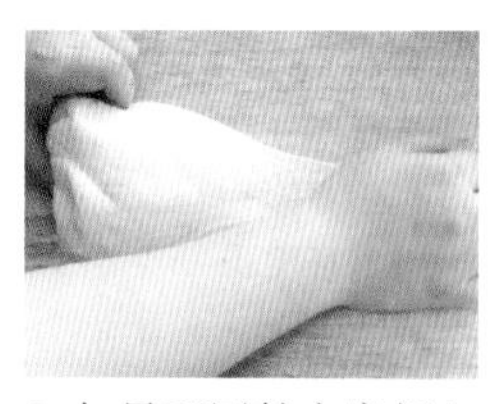

8 如果面团粘在案板上的话，可以用刮刀刮下后再次重复拉长、对折的动作。

揉搓面团 抓住面团的一端向案板上甩打，重复拉长再聚合的过程。用手腕的力量甩打面团发出"当"的声音，这样就能顺利形成麸质了。

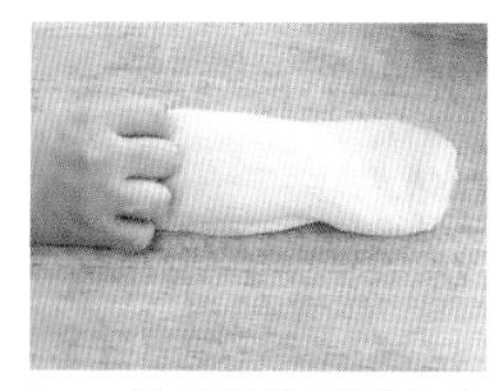

9 一只手抓住面团在案板上甩打，另一只手将面团慢慢拉长。

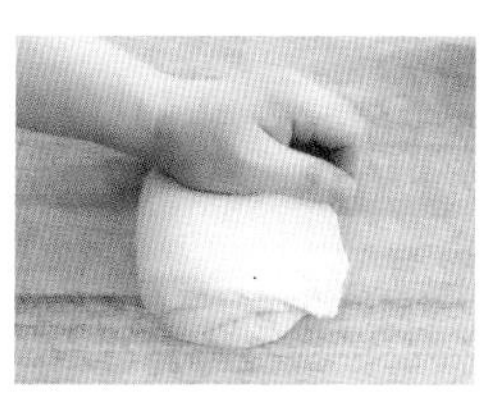

10 将拉长的面团对折起来，重复甩打、拉长的动作 10 分钟。

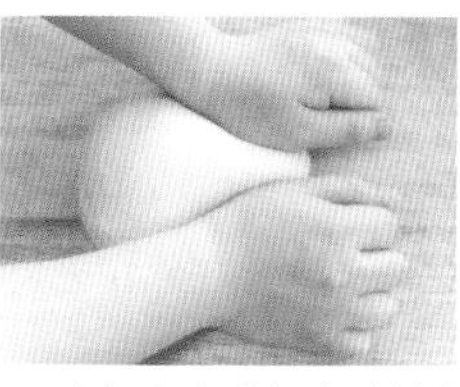

11 用两只手轻轻揉搓面团，让面团表面变得光滑平整。

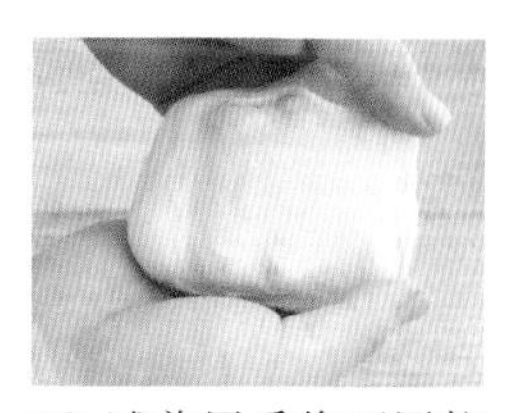

12 试着用手将面团拉薄，如果面团柔软且平整地被拉长了，就是完成的标志。

第一次发酵 将整理平整的面团揉圆后放入碗里，为了不让面团干燥，覆盖保鲜膜或者屉布，然后放在 27℃的温度内发酵 2~5 小时左右的时间。发酵的时间应该根据发酵的状态和面包的种类进行调整。

13 将面团整理平整后放进碗里，并将面团温度控制在 27℃。

14 在碗上覆盖保鲜膜，放在 27℃的常温当中发酵 2~5 小时。

15 发酵完成的时候，面团的体积会膨胀到原来的 2 倍以上。

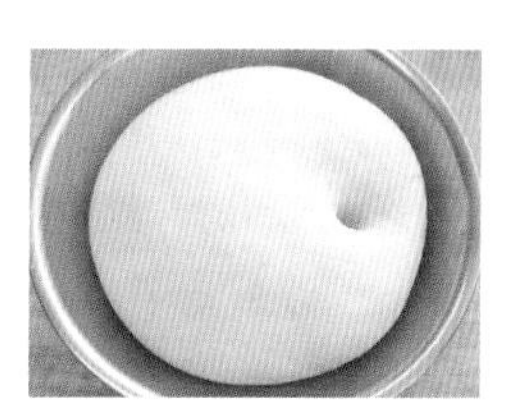

16 用手指沾一些面粉，试着戳动面团。如果面团被按下后没有变化，代表发酵完成；但如果面团立即恢复的话，则是发酵得还不够；如果按下的洞变得更大了，则表示发酵进行得过度了。

要了解烤箱才能烤出美味可口的面包！

花费了许久的时间和心血做成的面团，在放入烤箱烘焙之前，请等一下！了解了烤箱的使用方法后再开始吧。只有正确认识、使用烤箱，才是烤出美味可口面包的最简单的窍门。

挑选烤箱的窍门

烤箱是用热气来烤制食物的机器，因此在选择烤箱的时候，要特别注意了解调节热气的温度调节功能。温度调节方便、调整范围广、同时热量能够在内部空间里均匀散开才是理想的烤箱。其次要考虑的重点事项，是应该便于清理。仔细检查好这两项内容再购买，烘焙就不会有问题了。

烤箱的预热最重要

用烤箱进行烘焙时，首先要做的就是将烤箱预热的工作。第一次使用烤箱加热的时候，设成比所需的温度更高的温度，将烤箱内部烧热。如果在预热没有进行完的状态下放进面团烤制的话，会因为烤箱内温度过高而将面包烤糊。请一定记得，烤制面包的过程，是从加热烤箱开始的。

迎合自家烤箱的特性

烤箱会因为加热原理或者产品类型的不同而烤出不尽相同的面包。只有清楚了解自己使用的烤箱的特征，才能烤出自己希望的味道和形状的面包。如果是下火非常旺的烤箱，可以将两个烤盘重叠、或者在烤箱下层放入另一个烤盘来缓和热量。相反，如果上面的火力更旺的话，则容易使表面烤糊，可以用铝箔纸覆盖面包，或者将面包放在下层烤制。在上层额外放入一个烤盘来阻挡热气也可以。如果面包的前后或者左右侧边经常出现烤焦的痕迹的话，可以在烘焙过程中转动或者翻转烤盘的方向，使面包的受热面对调。

不要随意打开烤箱门

在面包烘焙的过程中，如果打开烤箱门，上升到一定程度后维持着的内部温度会在瞬间下降，湿度也会降低，特别是蛋糕或者泡芙等体积随着烘烤会膨胀的面团，可能会因此塌陷。因此需要确认面包是否烤制顺利的时候，应该在看到面团的颜色有些变褐之后，再打开烤箱门确认。

用没有蒸汽功能的烤箱呈现蒸汽效果

为了真正实现法国乡村面包和法棍面包那种内部柔软、外部酥脆的特殊口感，用蒸汽的效果来进行烘焙最为合适。在烤箱的烤盘上排满鱼缸用的石头或者鹅卵石，放在烤箱的下层，以230℃加热30分钟，然后在石头上倒上80ml左右的水，将面团放入上层烤制。

Part 1

清淡柔软的基本面包

早餐包、吐司、百吉饼、南法叶形面包、乌兹别克斯坦面包、
夏巴塔、土耳其芝麻圈面包、中东大饼、铁锅面包、
佛卡夏、农夫面包、旧金山酸面包、法棍面包、乡村面包

早餐包 ☆☆☆ 190℃ _ 10 分钟

小巧圆润的早餐包非常适合拿在手里吃。
在忙碌的早晨，配上一杯牛奶，就能作为一顿简单的早餐。
在面包上涂一些奶油或者果酱也很美味。

材料 12个的量

有机高筋粉 250g
原种 125g
盐 5g
有机砂糖 5g
水 130~140ml
面粉少许

推荐的天然发酵种

大米种

葡萄干种

苹果种

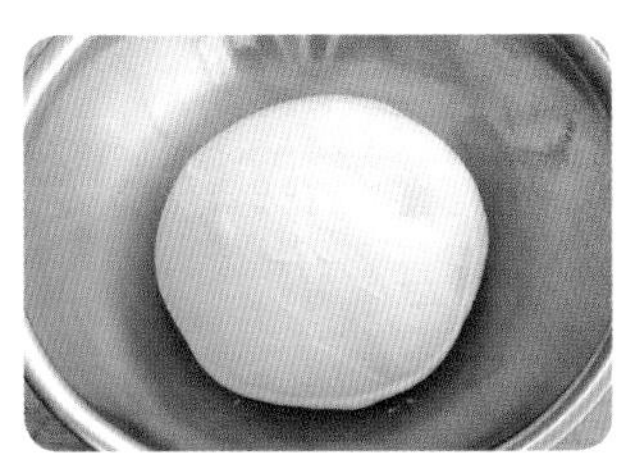

1 **制作面团进行第一次发酵** 参考50页基本面团的制作方法，按食谱中标明的材料分量制作出面团，然后进行第一次发酵。

2 **分割面团** 将准备好的面团移到撒过面粉的案板上，用刮刀分为每份40g。

3 **将面团揉圆** 用一只手轻轻握住面团，在手掌中像卷东西一样滚动，揉成球形，并且使面团的表面平整光滑。

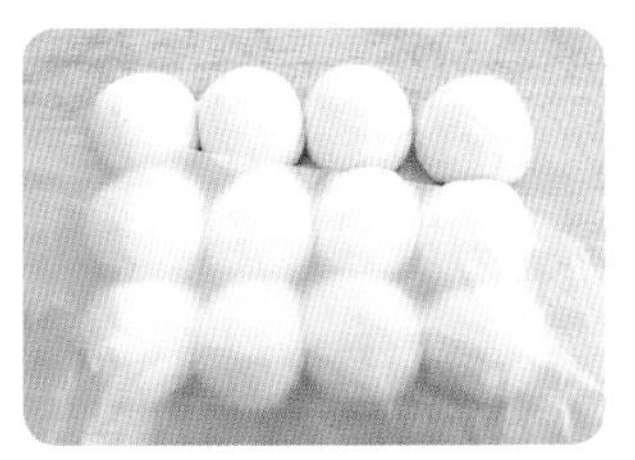

4 **醒面团** 给揉圆的面团盖上塑料膜或者屉布，防止其变干燥，在室温下放置20~30分钟。

5 **整形** 等面团醒好后，将每个面团都再次整理成漂亮的球形，整齐地摆放在烤盘上。

6 **第二次发酵与烘烤** 在盛放面团的烤盘上覆盖塑料膜，放置在27~30℃的室温下，发酵90~120分钟。发酵好的面团放进190℃预热的烤箱中烘烤20分钟。

烘焙笔记

将面团长时间放在低温状态下促使其成熟的冷藏发酵法也很不错。面团在低温下长时间发酵的话，更能散发深厚的香气和味道，酸味也能降低。用塑料膜包裹面团几层后，放进冰箱里18小时左右使其发酵。在使用前30分钟将面团从冰箱中取出，在室温中回温后使用即可。

吐司 ☆☆☆ 180℃ _ 40 分钟

经过长时间发酵熟成的吐司，即使经过一段时间，仍然能保持住柔软的口感。
忙碌的早晨，用发酵吐司制成简单的法式吐司或者三明治，
不仅容易消化，营养也非常丰富。

材料 1个的量

有机高筋粉 250g
原种 120g
盐 5g
有机砂糖 12g
黄油 10g
牛奶 15ml
水 125ml

推荐的天然发酵种

葡萄干种

番茄种

苹果种

1 **制作面团进行第一次发酵** 参考50页基本面团的制作方法，按食谱中标明的材料分量制作出面团，然后进行第一次发酵。

2 **醒面团** 将经过第一次发酵后的面团平均分成2份，揉圆后盖上塑料膜，醒面团20~30分钟。

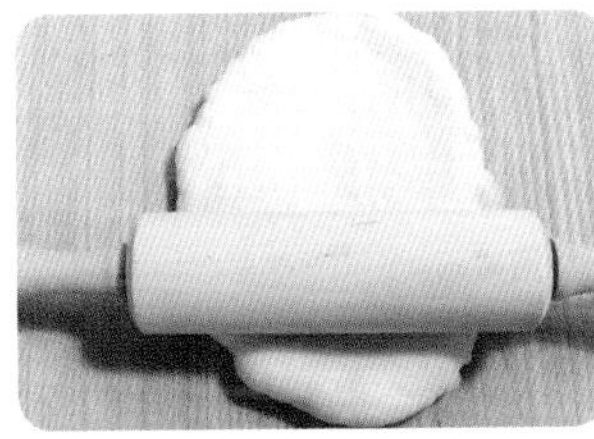

3 **擀面团** 用擀面杖将醒好的面团擀成长椭圆形。

4 **折叠面团** 将长条形面团的两端折叠到中间。

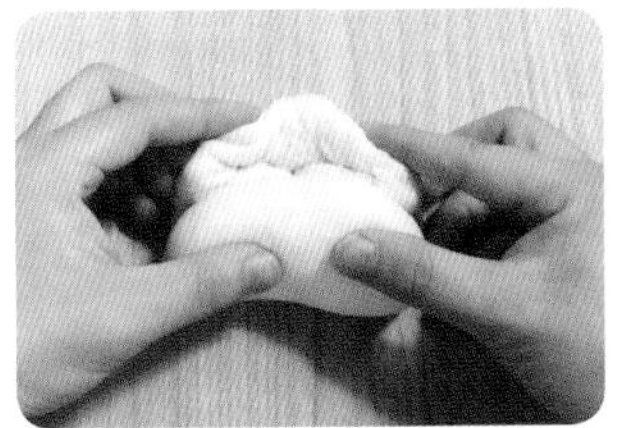

5 **卷面团** 将面团两侧边缘卷起，形成四方形，为了避免末端散开，稍微用力将开口部分压紧。

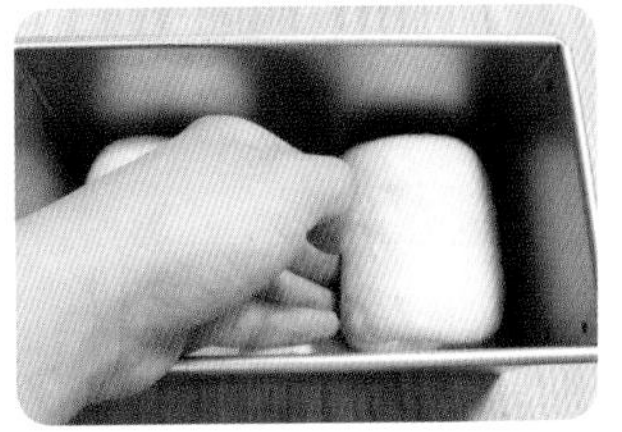

6 **放进吐司模具中** 将面团的开口部分朝下放置，两个面团整齐地放进吐司模具。

烘焙笔记

应选择有不沾涂层的吐司模具使用。将面团放进模具之前，在模具的内侧涂抹一层薄薄的黄油，也可以方便脱模。如果没有吐司模具的话，可以用长方形的磅蛋糕模具代替。

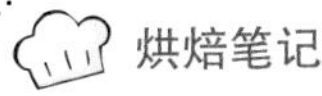

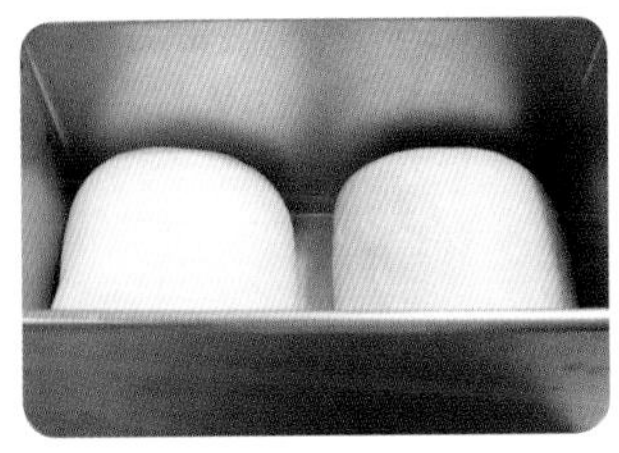

7 **第二次发酵** 将面团放置在30℃的室温下，发酵90~120分钟。当发酵的面团膨胀至距离吐司模具的上边框1cm时最为合适。

8 **入烤箱烘烤** 将发酵完的面团放进180℃预热的烤箱中，烘烤35~40分钟。

百吉饼 ☆☆☆ ⌛ 210℃ _ 15 分钟

百吉饼又名贝果，以“纽约客的早餐”闻名，是拥有甜甜圈一样外形的清淡面包。
因为是将揉好的生面团放进热水中煮熟再进行烘烤的，
所以几乎没有糖分，系人气很高的减肥食品。

材料 5个的量

有机高筋粉 250g
原种 125g
盐 6g
有机砂糖 10g
橄榄油 1 大勺
水 120ml

推荐的天然发酵种

糙米种

葡萄干种

苹果种

1 **制作面团** 在过筛后的面粉中放入原种、盐、砂糖、橄榄油和水，混合揉搓。

2 **第一次发酵** 将揉好的面团整理成圆形，在 27℃的室温下发酵 2~3 个小时。

3 **醒面团** 将经过第一次发酵的面团分成 5 等份，分别揉圆，用塑料膜覆盖后醒 20~30 分钟。

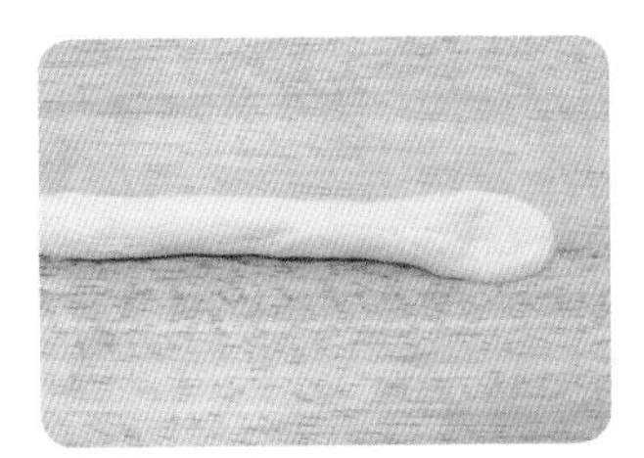

4 **拉长面团** 用手掌将醒好的面团揉搓成 20cm 左右的长条状，然后将其中一端向下压平。

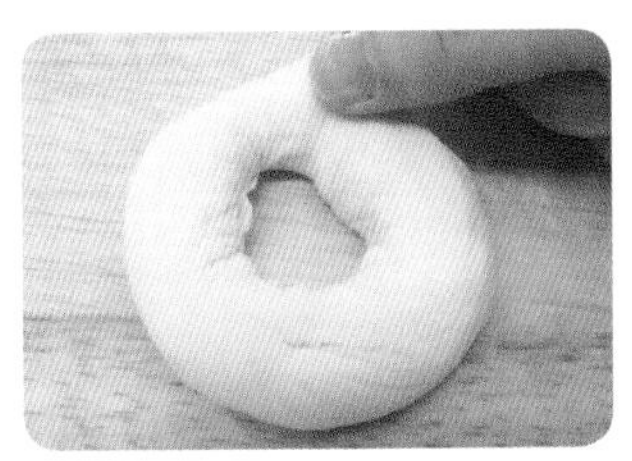

5 **整形** 将面团另一端与扁平的尾端相连接，做成甜甜圈的模样。

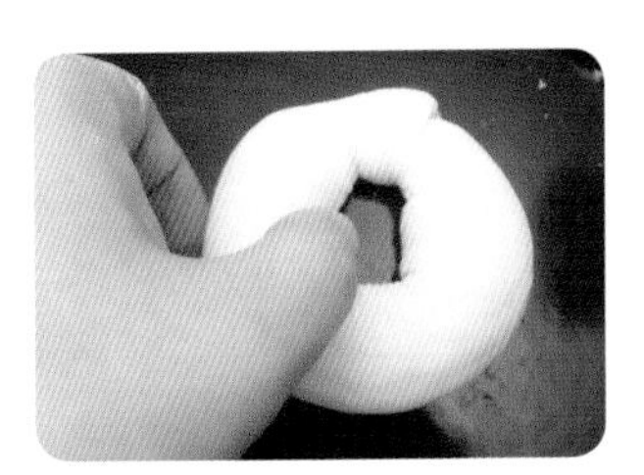

6 **第二次发酵** 将整形过的面团放在烤盘里，用塑料膜覆盖后放置在 30℃的温度下 90 分钟，进行第二次发酵。

7 **焯烫面团** 将完成了发酵的面团放进沸水中，各焯 30 秒。

8 **入烤箱烘烤** 将焯过的面团放进 210℃预热的烤箱中，烘烤 15 分钟。

烘焙笔记

在百吉果的面团内加入烤熟的洋葱、黑芝麻、芝士、蓝莓等食材，可以做成各种口味的百吉果。但如果放入过多的副材料，则发酵有可能不易进行，因此添加的副材料应为面粉量的 1/3 以下。

南法叶形面包

☆☆☆ 200℃ _ 20 分钟

散发着浓郁的香草芬芳的大片叶状法式面包。
清爽的香气和清淡的味道，直接食用就很棒，
蘸上混合了意大利香醋的橄榄油，更是美味。

材料 4个的量

有机高筋粉 250g
原种 120g
盐 5g
有机砂糖 12g
橄榄油 1 大勺
水 130ml
干燥迷迭香粉 1 小勺

推荐的天然发酵种

香草种

松叶种

葡萄干种

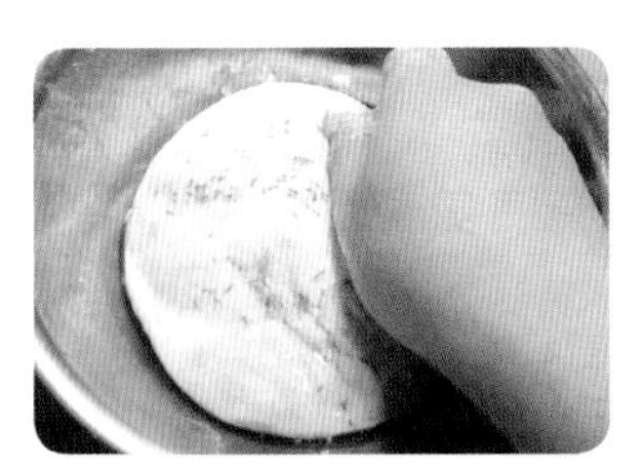

1 **制作面团** 在过筛后的面粉中放入原种、盐、砂糖和水，混合后再加入橄榄油和迷迭香揉搓。

2 **第一次发酵** 将揉好的面团整成圆形，在 27℃的室温下发酵 2~3 个小时。

3 **醒面团** 经过第一次发酵的面团分成每份 120g，分别揉圆，用塑料膜覆盖后醒 20~30 分钟。

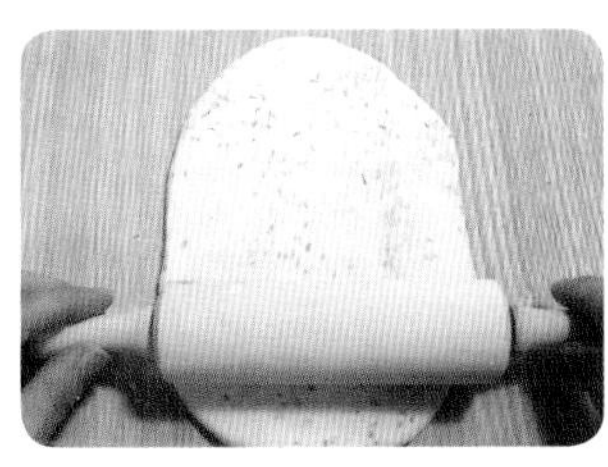

4 **擀面团** 用擀面杖将醒好的面团擀成扁平的椭圆形。

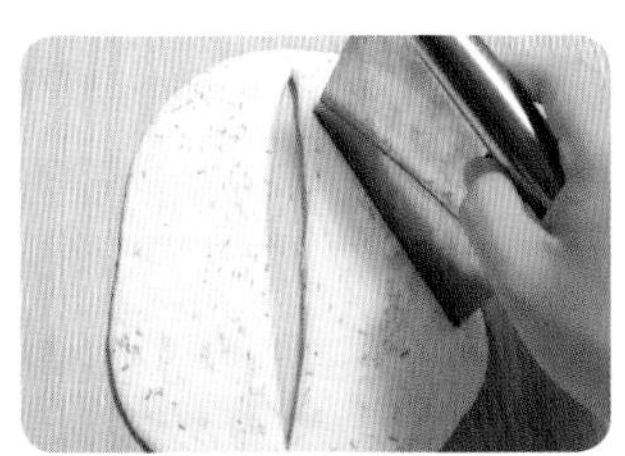

5 **整形** 用金属刮刀或者刀子在面团上划出树叶形状的刀口。

6 **第二次发酵与烘烤** 将整形过的面团放在烤盘里，用塑料膜覆盖后放置在 30℃的温度下发酵 60 分钟左右，然后放进 200℃预热的烤箱中，烘烤 20 分钟。

烘焙笔记

制作面团的时候如果加入自家种植的新鲜香草，则更能感受到新鲜的味道和香气。但是如果添加过多会有强烈的草的味道，故应酌量添加。

乌兹别克斯坦面包 ☆☆☆ 200℃ _ 30 分钟

深受乌兹别克斯坦人喜爱的传统主食面包。
有嚼劲的口感和百吉果有些相似，主要是蘸着浓汤或伴着其他菜品一起食用。
撒了芝麻的乌兹别克斯坦面包散发的香醇味道正是它的魅力所在。

材料 1个的量

有机高筋粉 250g
原种 120g
盐 6g
有机砂糖 12g
黄油 10g
牛奶 15ml
水 125ml
芝麻适量
鸡蛋液少许
（1/2 颗鸡蛋，50ml 牛奶）

推荐的天然发酵种

面粉种

苹果种

番茄种

1 制作面团进行第一次发酵 参考 50 页基本面团的制作方法，按食谱中标明的材料分量制作出面团，然后进行第一次发酵。

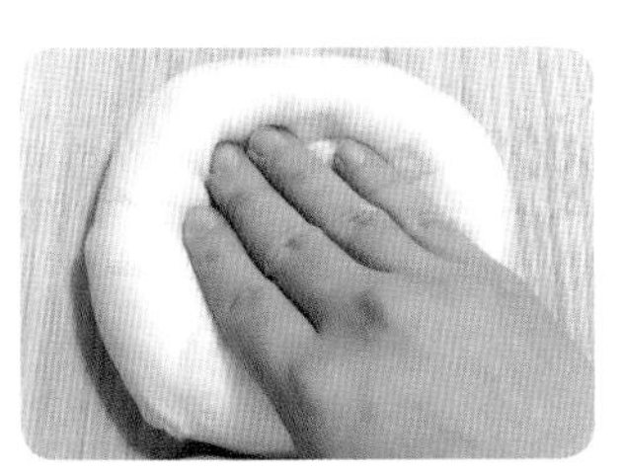

2 整形 将经过第一次发酵的面团的中间部分用手按下，做出扁平的凹陷。

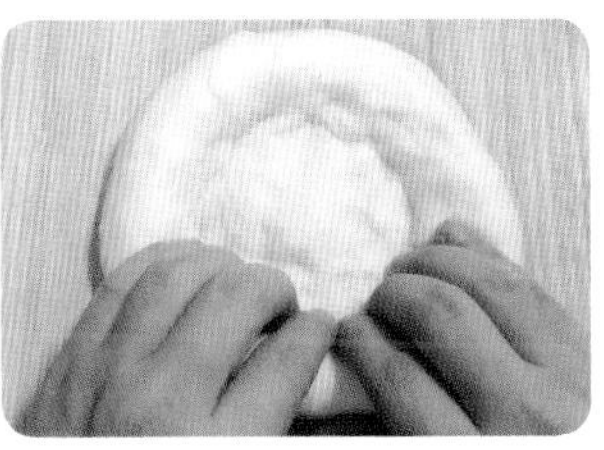

3 整理边缘 将面团的边缘捏起，整理边缘使其看起来像披萨饼皮一般。

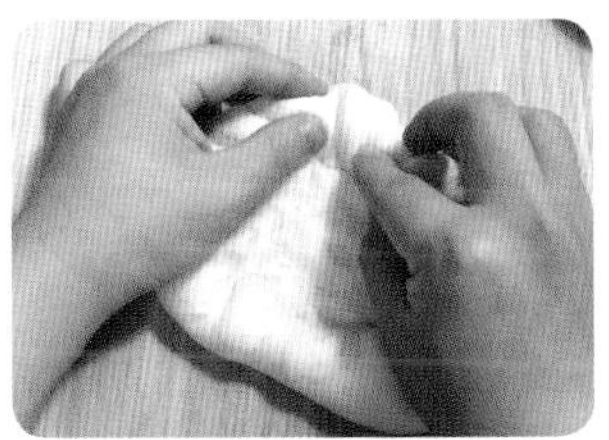

4 制作纹理 在厚厚的饼边上，轻轻拧动的同时向下按压，做出纹理。

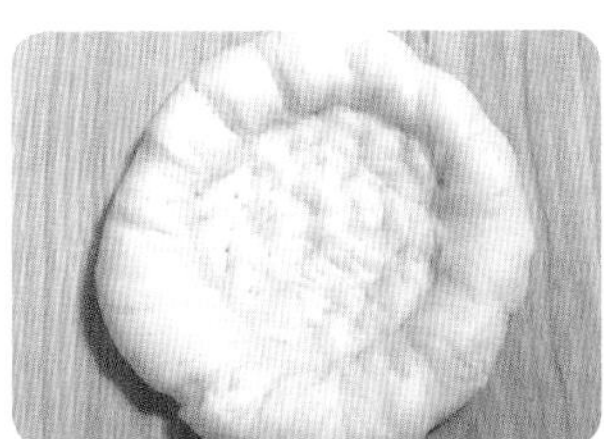

5 第二次发酵 将整形过的面团放置在 30℃的温度下 90 分钟左右，进行第二次发酵。

6 入烤箱烘烤 在发酵完的面团上，用毛笔均匀涂上一层鸡蛋液，然后撒上芝麻，放进 200℃预热的烤箱中，烘烤 30 分钟。

烘焙笔记

乌兹别克斯坦面包，按照当地传统，是在用石头和黏土制成的泥炉中烤制的。在烤箱中放入大小合适的石头，预热后烤制，也可以起到与泥炉类似的效果。

夏巴塔 ☆☆☆ ⌛ 180℃ _ 30 分钟

夏巴塔是意大利语“拖鞋”的意思，即意式法棍面包。
因与拖鞋的形状相似而得名的夏巴塔，
因发酵时间是其他面包的两倍，所以外脆内软，口感清淡。

材料 5~6个的量

有机高筋粉 250g
原种 80g
盐 6g
有机砂糖 5g
橄榄油 1 大勺
水 190ml

推荐的天然发酵种

面粉种

苹果种

葡萄干种

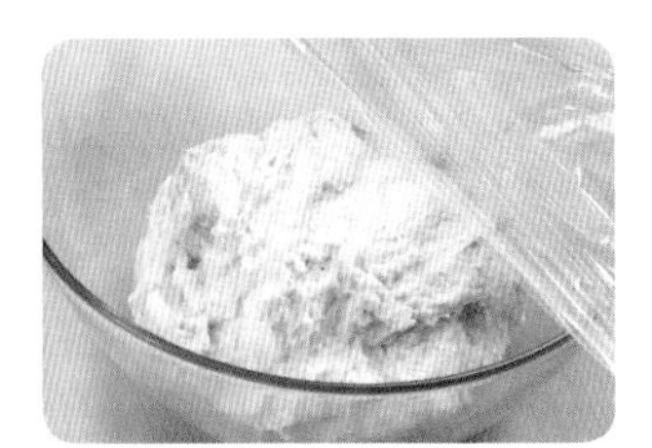

1 **制作面团** 在过筛后的高筋粉中放入原种、盐、砂糖、橄榄油和水，混合至看不出面粉的程度。

2 **第一次发酵** 将面团放置在 20~24℃的温度下 2~3 个小时，进行第一次发酵。

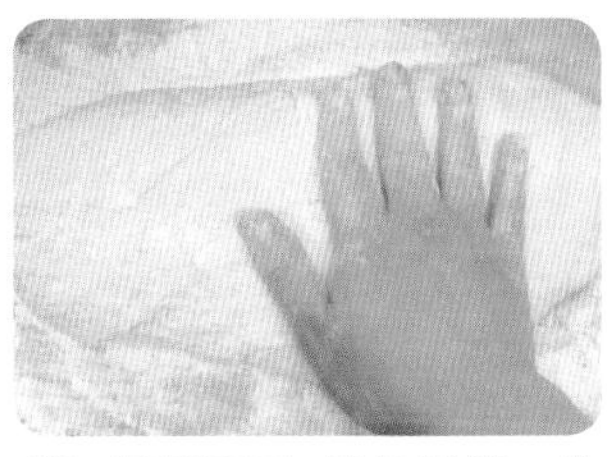

3 **折叠面团** 将经过第一次发酵的面团放在撒过面粉的案板上，用手将面团压成薄而宽的形状，然后再折叠三次。

4 **整形** 用手将折叠后的面团揉搓成型，整理成平滑的圆形。

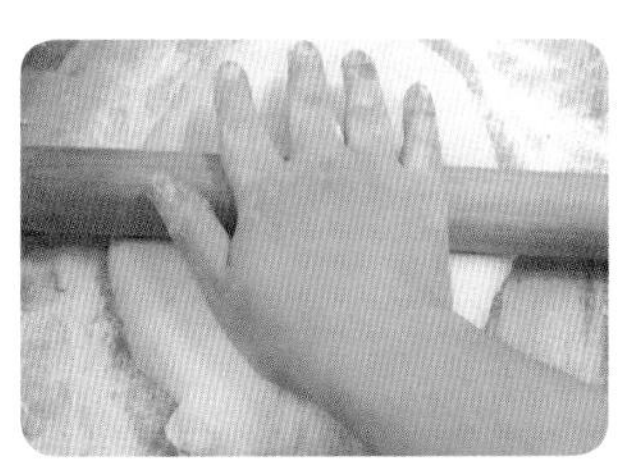

5 **擀面团** 在面团上撒一些面粉，用手将面团稍微压宽后，用擀面杖擀面团，使其厚度相同。

6 **第二次发酵** 将面团切成长方形，放在烤盘里，覆盖塑料膜后放置在室温下发酵 2~3 小时。

7 **制造蒸汽效果** 在烤盘上排满石头，放在烤箱最下面一格，将烤箱预热到 220℃烧热石头，然后在石头上淋 80ml 左右的水，制造出蒸汽效果。

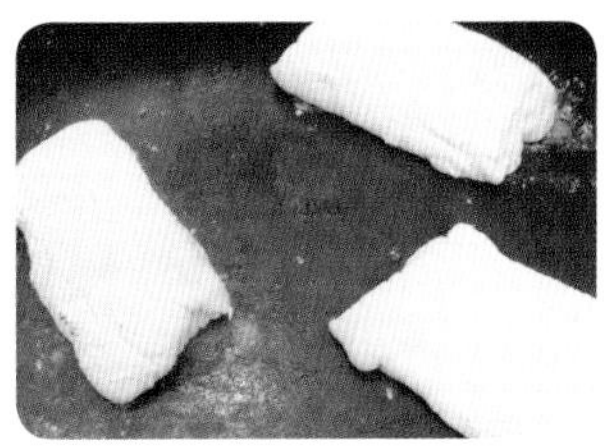

8 **入烤箱烘烤** 将面团放在石头的上层，在有蒸汽升腾的状态下烘烤 10 分钟左右。当面团出现颜色变化时，将烤箱温度降低至 180℃，再烤 20~30 分钟。

烘焙笔记

夏巴塔的面团在长时间发酵的同时，会自然地生成麸质，成功的关键在于和面的时候应揉搓至看不到面粉颗粒、且稍微出现粘度的状态。

土耳其芝麻圈面包 ☆☆☆ 210℃ _ 15 分钟

卷成似麻花形状的面团，撒上喷香的芝麻烤制出的清淡的面包，
是深受土耳其人喜爱的“国民点心”。
搭配红茶作为早餐，或者下午肚子饿的时候作为零食，都非常合适。

材料 5个的量

有机高筋粉 250g
原种 120g
盐 6g
黄油 10g
水 125ml
芝麻适量
黑米熬出的黑米水 100ml
红糖 2 大勺

推荐的天然发酵种

葡萄干种

香蕉种

番茄种

1 **制作面团进行第一次发酵** 参考 50 页基本面团的制作方法，按食谱中标明的材料分量制作出面团，然后进行第一次发酵。

2 **醒面团** 经过第一次发酵的面团分成每份 50g，分别揉圆，用塑料膜覆盖后醒 20 分钟。

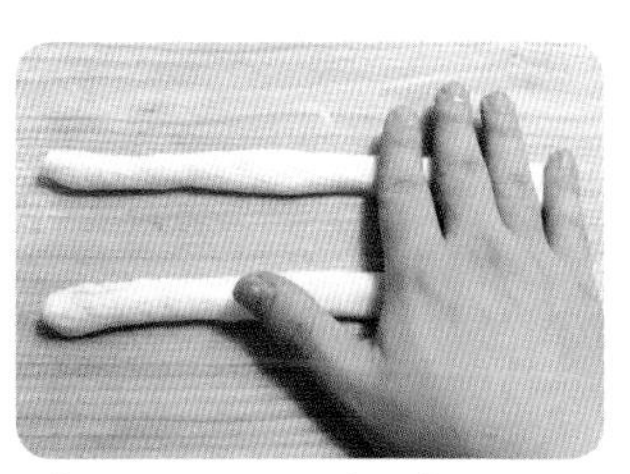

3 **拉长面团** 将醒好的面团轻轻揉搓成长条状，然后两手均匀地向两侧用力，将面团拉长至 30cm 左右。

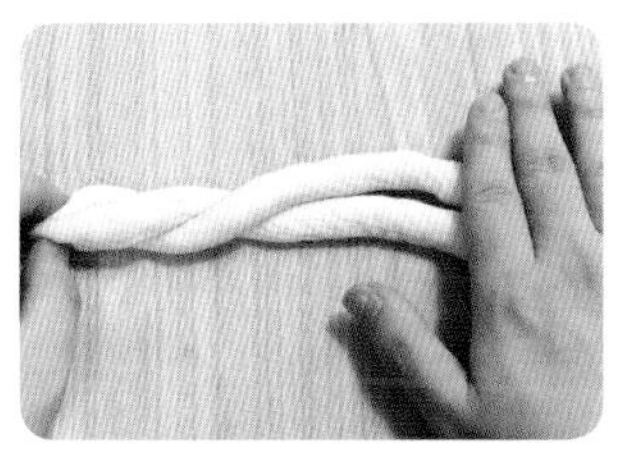

4 **制作麻花** 把两条拉长的面团互相缠绕，像编麻花一样编成一条，按压两端使其粘紧。

5 **做成圆环** 将麻花面团绕成圆形，两端交叠按压，使其粘紧，做出环形。

6 **放入黑米水中浸泡** 在用黑米熬出的水中加入红糖，红糖溶解后，将面团放进去浸泡一会儿后取出。

7 **撒上芝麻进行第二次发酵** 从黑米水中取出面团，洒满芝麻后放在 30℃的温度下发酵 100 分钟左右。

8 **入烤箱烘烤** 将发酵完的面团放入 210℃预热的烤箱中，烘烤 15 分钟。

烘焙笔记

芝麻圈的面团在黑米水中泡过之后再烤的话，不仅能让芝麻更容易粘在面团上，而且颜色也变得更深，香气也更浓郁。如果没有黑米水，也可以用白开水代替。

中东大饼 ☆☆☆ 200℃ _ 15 分钟

中东大饼在阿拉伯语里就是“面包”的意思，这是阿拉伯人喜爱的主食面包。
香喷喷、味道清淡的中东大饼，
主要用于蘸着羊肉或者鸡肉做的塔吉锅料理一起吃。

材料 2个的量

有机高筋粉 200g
有机全麦粉 50g
原种 120g
盐 6g
有机砂糖 10g
橄榄油 1 小勺
水 135ml
芝麻适量

推荐的天然发酵种

面粉种

糙米种

番茄种

1 **制作面团进行第一次发酵** 参考 50 页基本面团的制作方法，按食谱中标明的材料分量制作出面团，然后进行第一次发酵。

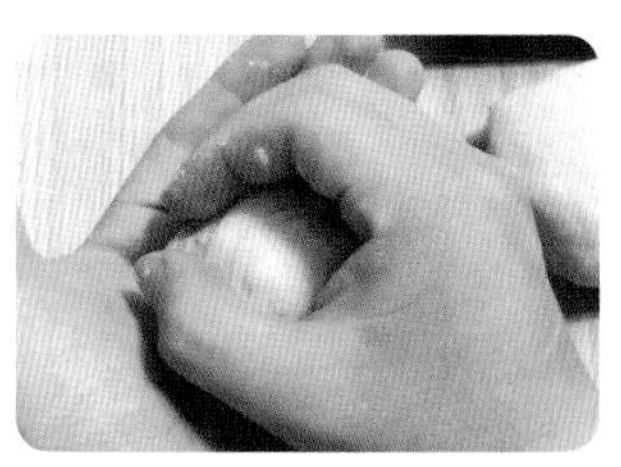

2 **醒面团** 将经过第一次发酵的面团平均分成 2 份，分别揉圆，用塑料膜覆盖后醒 20~30 分钟。

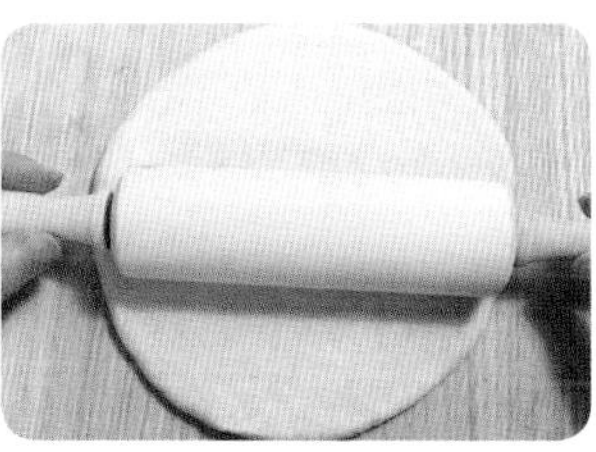

3 **擀面团** 轻轻揉搓面团让气体排出，然后用擀面杖将面团擀成直径 25cm 的扁扁的圆形。

4 **划出刀口** 用喷雾器在面团上洒水，然后均匀地撒上芝麻，再划出菱形的图样。

5 **第二次发酵** 一边旋转面团，一边用指尖按压面团的边缘，然后放在烤盘上，覆盖上塑料膜，放置在 30℃的温度下 60~90 分钟左右，进行第二次发酵。

6 **入烤箱烘烤** 去掉面团上的塑料膜，放进 200℃预热的烤箱中，烘烤 15 分钟。

烘焙笔记

塔吉锅是一种用陶瓷制成的料理锅，和我们的砂锅很像。在摩洛哥、利比亚、阿尔及利亚、突尼斯、叙利亚等中东地区，塔吉锅常在制作蔬菜、鸡肉、羊肉等料理的时候使用。

铁锅面包 ☆☆☆ 220℃ _ 45 分钟

因为不需要用手和面，只要放在室温下就能由发酵菌自然引起发酵效果，因此铁锅面包又被称作“免揉面包”。
使用小铁锅，就能做出外皮香脆、内里有嚼劲的铁锅面包了。

材料 1个的量

有机高筋粉 250g
原种 80g
盐 6g
有机砂糖 5g
水 190ml
五谷杂粮粉适量

推荐的天然发酵种

面粉种

葡萄干种

苹果种

1 **搅拌材料** 将原种、砂糖、盐加入到水中，搅拌均匀后加入过筛的高筋粉。

2 **制作面团** 用刮刀将混合的材料搅拌均匀，直到看不见面粉颗粒。

3 **第一次发酵** 给搅拌好的面盖上保鲜膜，放在22~24℃的温度下6~8小时，进行第一次发酵。

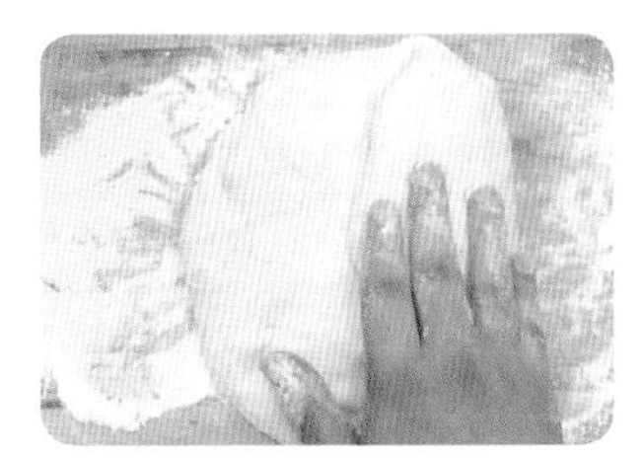

4 **折叠面团** 将经过第一次发酵的面团放在撒了面粉的案板上，展宽后将面团边缘折起，整理成平滑的圆形。

5 **放入发酵篮** 将整形后的面团放进撒过五谷杂粮粉的发酵篮中。

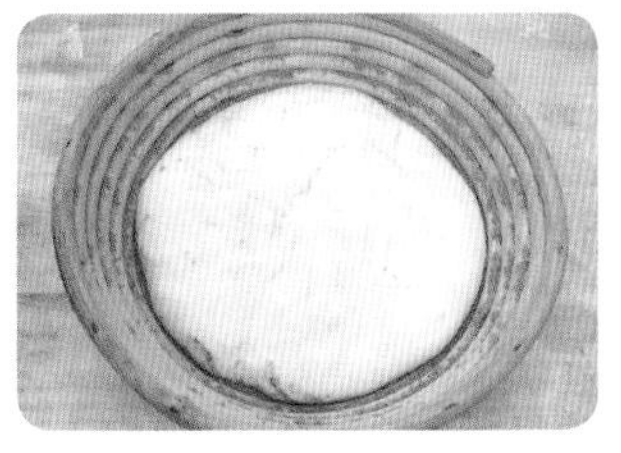

6 **第二次发酵** 在发酵篮中的面团上覆盖塑料膜，放置在室温下2~3小时，使其发酵膨胀。

7 **将面团放入铁锅** 提前将铁锅放进烤箱烧热，将面团放进铁锅里，在面团上划出十字形的刀口。

8 **入烤箱烘烤** 盖上铁锅的锅盖，放入220℃预热的烤箱中烤制30分钟，然后打开锅盖再烤15分钟左右。

烘焙笔记

将水分丰富的铁锅面包的面团放进提前加热过的铁锅或者砂锅内烤制的话，锅内会产生蒸汽，使面包的形状更加丰满，而且还拥有香脆的外皮和筋道的内里。

佛卡夏 ☆☆☆ 200℃ _ 15 分钟

这种扁平的圆形意大利面包，
因为加入了大量橄榄油，因此烤出的香气堪称一流。
用手指按出凹陷，在里面撒上香草、黑橄榄、芝士等，
让佛卡夏外形漂亮又美味。

材料 4个的量

有机高筋粉 250g
原种 120g
盐 6g
有机砂糖 7g
水 130ml
橄榄油 3 大勺
迷迭香粉少许

推荐的天然发酵种

番茄种

香草种

松针种

1 制作面团进行第一次发酵 参考 50 页基本面团的制作方法，按食谱中标明的材料分量制作出面团，然后进行第一次发酵。

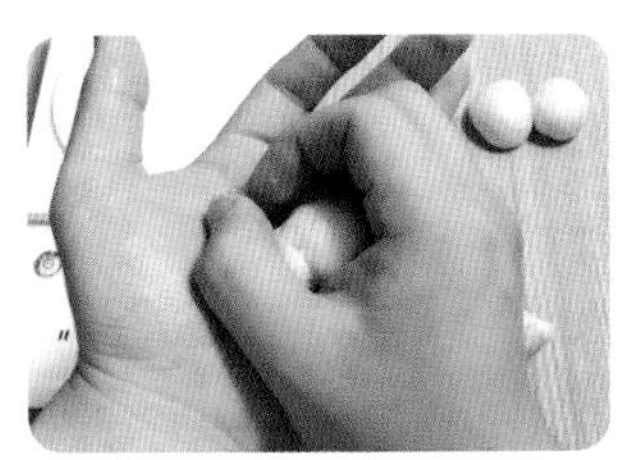

2 醒面团 将经过第一次发酵的面团平均分成 4 份，分别揉圆，用塑料膜覆盖后醒 20~30 分钟。

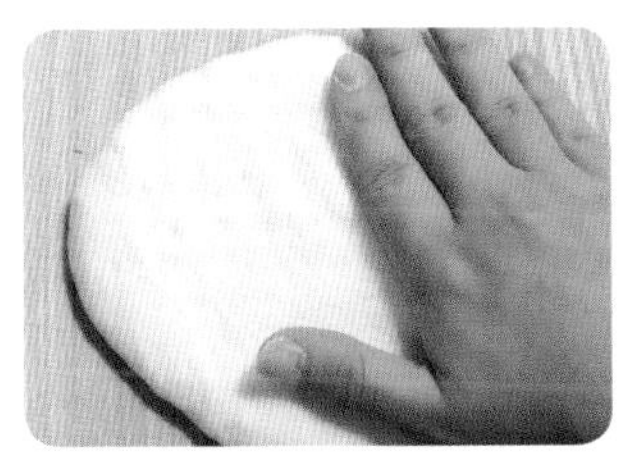

3 压平面团 用手指按压醒好的面团，将它展成扁扁的圆形。

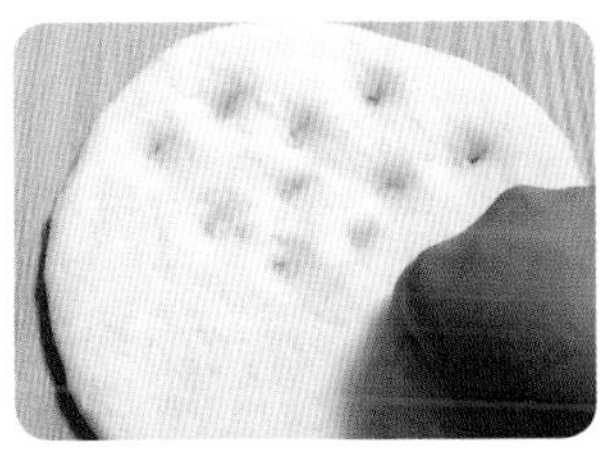

4 整形 用手指关节在圆形的面团上按出许多个小凹陷，然后将面团放在烤盘上。

5 第二次发酵 在面团上涂抹大量橄榄油，撒上迷迭香粉末，然后覆盖塑料膜，放置在 30℃的温度下 60~90 分钟左右，进行第二次发酵。

6 入烤箱烘烤 将发酵完的面团放进 200℃预热的烤箱中，烘烤 15 分钟左右。

烘焙笔记

佛卡夏面包和番茄种搭配起来很合适，因为番茄种能够很好地衬托出香草的香气。如果想要更加突出味道的话，可以用番茄种的发酵液代替水加入到面团中，进行发酵。

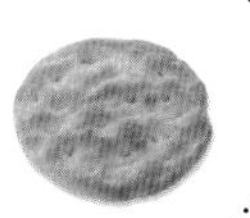

农夫面包

180℃ _ 30 分钟

农夫面包正如它的名字一样，是一款“朴素的面包”。
没有三角形、正方形、圆形等规定形状，各种各样的形状是它的特征。
外皮像锅巴一样脆，内部则充满了气孔，口感非常筋道。

材料 10个的量

有机高筋粉 250g
原种 80g
盐 6g
有机砂糖 5g
水 190ml
面粉适量

推荐的天然发酵种

葡萄干种

番茄种

苹果种

1 **制作面团进行第一次发酵** 参考71页铁锅面包的制作方法，按食谱中标明的材料分量制作出面团，然后进行第一次发酵。

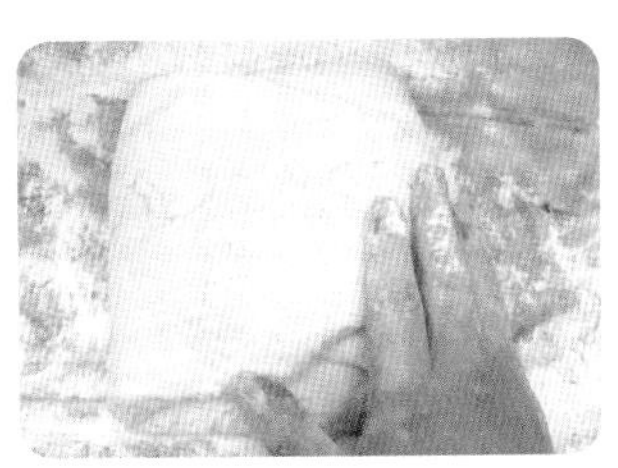

2 **整形** 将经过第一次发酵的面团放在撒了面粉的案板上，展宽后再折叠，然后揉成表面平滑的圆形。

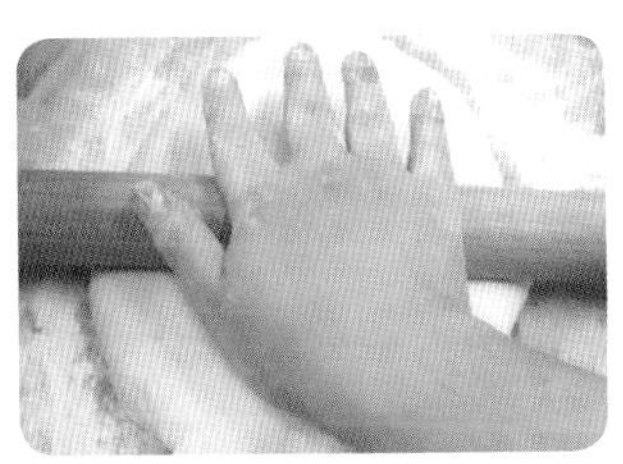

3 **擀面团** 在面团上撒一些面粉，用手将面团稍微压宽后，用擀面杖擀面团，使其厚度相同。

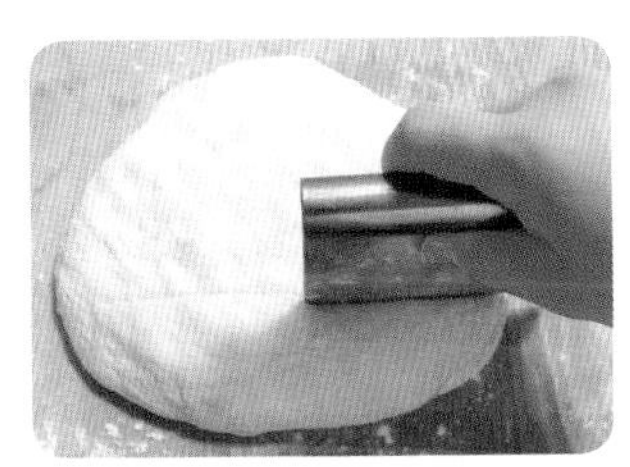

4 **第二次发酵** 将面团切成40~50g的小块，放入烤盘，覆盖上塑料膜，放置在室温下2~3小时，进行第二次发酵。

5 **制造蒸汽效果** 在烤盘上排满石头，放在烤箱最下面一格，将烤箱预热到220℃烧热石头，然后在石头上淋80ml左右的水，制造出蒸汽效果。

6 **入烤箱烘烤** 将面团放在发热的石头的上层，在有蒸汽升腾的状态下烘烤10分钟左右。当面团出现颜色变化时，将烤箱温度降低至180℃，再烤15~20分钟。

烘焙笔记

农夫面包正如它的名字，是非常单调、朴素的面包。造型的时候，做成三角形、方形、圆形等等毫无规律的形状才是真正的农夫面包。

旧金山酸面包 ☆☆☆ 180℃ _ 30 分钟

1849 年，一位从法国漂洋过海来到旧金山的面点师，
用发酵种第一次制作出的面包，被取名为旧金山酸面包。
刚入口的味道有微微的酸味，但是越嚼越香。

材料 1个的量

基础面团

有机高筋粉 50g

面粉种 50g

水 50ml

盐 3g

主要面团

有机高筋粉 300g

水 160ml

盐 7g

黑麦粉少许

推荐的天然发酵种

面粉种

1 **制作基础面团** 在50g过筛后的高筋粉中加入面粉种、盐和水，混合均匀。然后覆盖保鲜膜，放置在23~24℃的温度下发酵5个小时。

2 **制作主要面团** 在发酵好的基本面团中加入主要面团的所有材料，混合均匀后放到撒过黑麦粉的案板上揉搓15分钟左右。

3 **第一次发酵** 将面团揉成表面平滑的圆形，放进碗里盖上塑料膜，放置在25℃的温度下发酵2个小时。

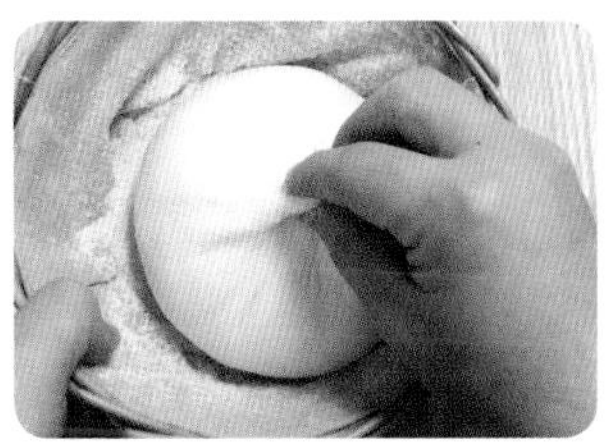

4 **排出气体** 将经过第一次发酵的面团从碗中取出，再整成平滑的圆形后，放入撒了黑麦粉的圆形发酵篮中。

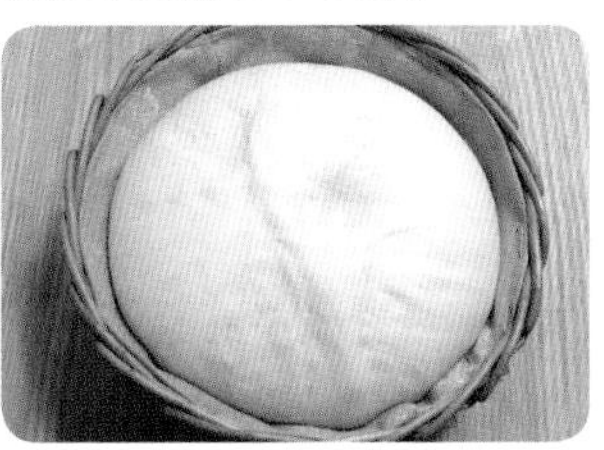

5 **第二次发酵** 用塑料膜覆盖住发酵篮，放置在23~24℃的室温中发酵5~6个小时，直到面团的体积膨胀为原来的两倍大。

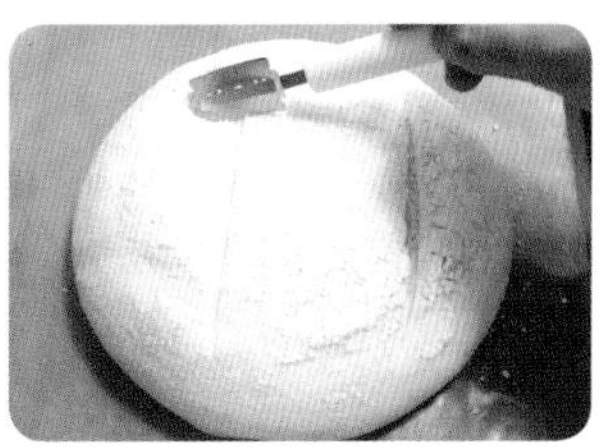

6 **划出刀口** 将完成发酵的面团移到烤盘里，用面包割口刀在面团上划出刀口。

7 **制造蒸汽效果** 在烤盘上排满石头，放在烤箱的最下面一格，将烤箱预热到220℃烧热石头，然后在石头上淋80ml左右的水，制造出蒸汽效果。

8 **入烤箱烘烤** 将面团放在发热的石头的上层，在有蒸汽升腾的状态下烘烤10分钟左右。当面团出现颜色变化时，将烤箱温度降低至180℃，再烤25~30分钟。

烘焙笔记

制作旧金山酸种面包时，第一次发酵时间短、第二次发酵时间长，这样才能做出柔软的口感。相反，如果第一次发酵时间长、第二次发酵时间短的话，不仅面团膨胀的力量会变弱，做好的面包酸味也会变强。

法棍面包 ☆☆☆ 180℃ _ 30 分钟

长长的棒状法式面包，硬硬的外皮内包裹着柔软的面包芯，
越嚼越筋道，味道也更好。
只用面粉、盐、水和原种做出的法棍面包，
味道清淡却香气浓郁，是它的一大特色。

材料 2条的量

有机高筋粉 250g
原种 110g
盐 5g
温水 130ml
麦芽粉 0.5g
面粉少许

推荐的天然发酵种

葡萄干种

葡萄种

苹果种

1 **制作面团进行第一次发酵** 参考 50 页基本面团的制作方法，按食谱中标明的材料分量制作出面团，然后进行第一次发酵。

2 **醒面团** 将经过第一次发酵的面团平均分成 2 份，分别揉圆，用塑料膜覆盖后醒上 30 分钟左右。

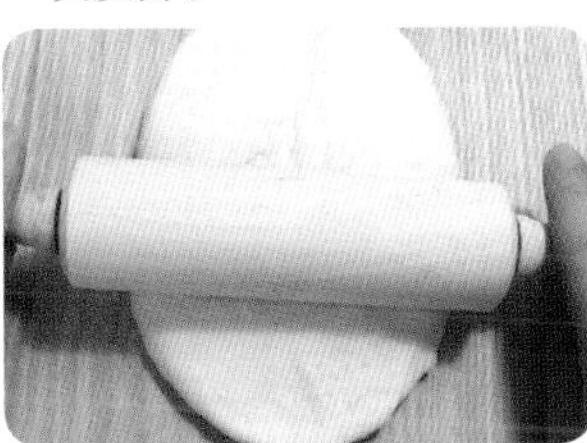

3 **擀面团** 分别将面团擀成扁平的椭圆形再揉成表面平滑的圆形，放进碗里盖上塑料膜，放置在 25℃的温度下发酵 2 个小时。

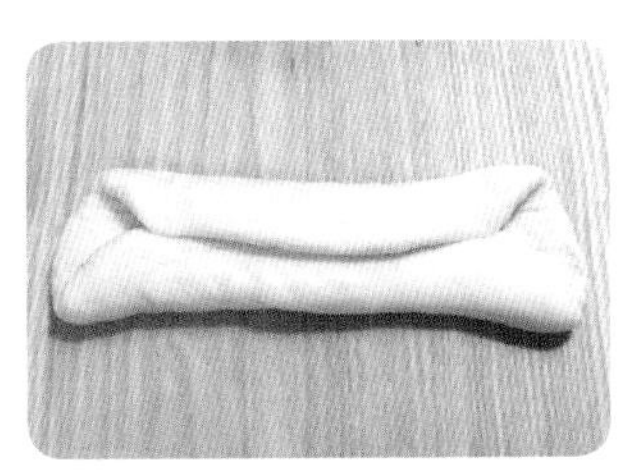

4 **整形** 将面团竖着折成三折，然后再卷成长筒状。

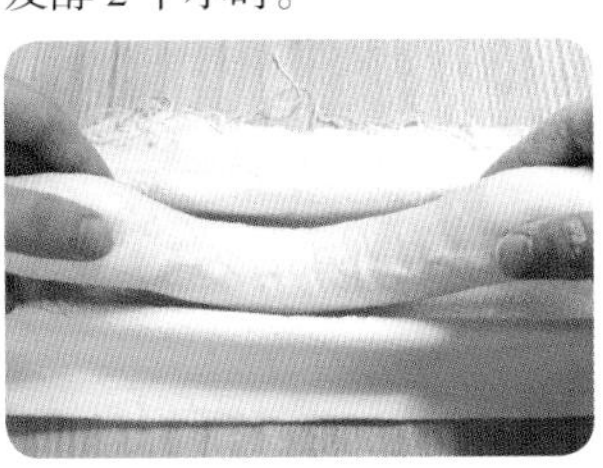

5 **第二次发酵** 将面团放到撒过面粉的法棍模具里，用塑料膜覆盖，放置在 27℃的室温中，发酵 90~120 分钟。

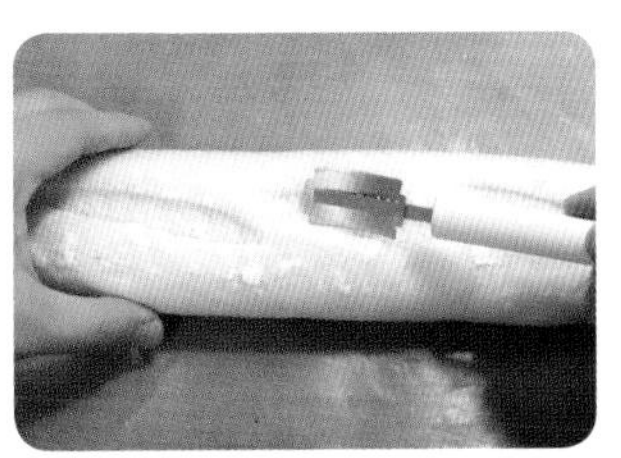

6 **划出刀口** 将完成发酵的面团移到烤盘里，用面包割口刀在面团上划出斜线的刀口。

7 **制造蒸汽效果** 在烤盘上排满石头，放在烤箱的最下面一格，将烤箱预热到 220℃烧热石头，然后在石头上淋 80ml 左右的水，制造出蒸汽效果。

8 **入烤箱烘烤** 将面团放在发热的石头的上层，在有蒸汽升腾的状态下烘烤 10 分钟左右。当面团出现颜色变化时，将烤箱温度降低至 180℃，再烤 25~30 分钟。

烘焙笔记

制作不加糖的清淡面包时，最好将面团中的气体排出去。在第一次发酵过程的中间轻轻抬起面团，让气体排出，再继续发酵。让新鲜的空气进入，发酵会进行得更顺利。

乡村面包

☆☆☆ 180℃ _ 30 分钟

法国的乡村面包口味清淡，百吃不厌。
加入了全麦粉的乡村面包，麦香味更加明显。
将面包切成薄片，夹上各种食材做成三明治也很合适。

材料 1个的量

有机高筋粉 200g
全麦粉 50g
原种 125g
盐 6g
有机砂糖 7g
葵花籽油 8g
麦芽糖浆 1g
水 130~140ml

推荐的天然发酵种

葡萄干种

苹果种

面粉种

1 **制作面团进行第一次发酵** 参考50页基本面团的制作方法，按食谱中标明的材料分量制作出面团，然后进行第一次发酵。

2 **整形** 轻轻揉搓经过第一次发酵的面团，排出气体后揉成表面平滑的圆形，然后将面团的上顶部分挤向中间。

3 **将面团放进发酵篮** 将整形后的面团放入撒过面粉的圆形发酵篮中央。

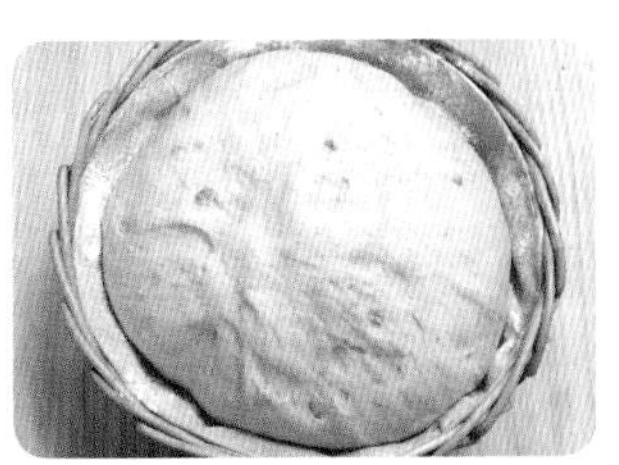

4 **第二次发酵** 在发酵篮上覆盖塑料膜，放置在27℃的温度下90~120分钟，直到面包的体积膨胀为原来的两倍大。

5 **制造蒸汽效果** 在烤盘上排满石头，放在烤箱的最下面一格，将烤箱预热到220℃烧热石头，然后在石头上淋80ml左右的水，制造出蒸汽效果。

6 **入烤箱烘烤** 在发酵好的面团上用割口刀划出刀口，然后将面团放在发热的石头上层，在有蒸汽升腾的状态下烘烤10分钟左右。当面团出现颜色变化时，将烤箱温度调至180℃，再烤25~30分钟。

烘焙笔记

全麦面粉是没有经过精制过程，直接用整粒的麦子碾碎制成的面粉。比起普通的面粉，它维生素和纤维的含量都更丰富。但是如果加入过多的全麦面粉，会使发酵变得困难，因此用量一般在面粉的30%以下。另外，加了全麦粉和五谷杂粮粉的面团需要做得稍微稀一点，才能做出柔软的面包。

不同的面包适合不同的发酵种

不同的面包，都有与之相配的天然发酵种。选择能够凸显食材味道、且能使面团有效发酵的天然发酵种，就能够轻易做出更美味的天然发酵面包。下面来了解一下各个种类的面包都适合什么样的天然发酵种吧。

清淡柔软的基本面包

像法棍面包、吐司面包、乡村面包等味道清淡的面包，因为没有加入很多副材料、黄油和糖，能够切实享受到发酵种原本的味道。因此，这些面包适合葡萄干种、香蕉种、草莓种、番茄种、苹果种、糙米种等香气柔和、发酵也能安全进行的发酵种。这些发酵种能够很好地保留清淡面包充满气孔、香气淳朴浓厚的特点。

充满香醇的黄油味的黄油面包

黄油面包卷、可颂牛角面包、丹麦酥皮饼等面包，加了大量黄油和砂糖，柔软香甜，但是发酵相对困难。制作这种面包，应该选择比其他发酵种发酵能力更强的葡萄种、胡萝卜・山药种、大米种、酒曲种等。大米种、酒曲种中含有丰富的天然酵素，制作出来的面包更加柔软。

用好吃的馅料填满的填充面包

豆沙面包、卡仕达面包、咖喱面包等充满了馅料的面包，主要是要让人充分感受馅料的美味。这类面包最好用发酵能力强的葡萄种、胡萝卜・山药种、大米种、酒曲种等进行短时间的发酵，从而让面团变得柔软，更能突出馅料的味道。

坚果和谷物的盛宴，健康（well-being）面包

大量使用黑麦粉和五谷杂粮粉的面包，一定要使用酸种。因为酸种能够去除谷物本身不好的味道和其中妨碍发酵的成分，补充完善面团的缺点，让面包的味道更可口。加了坚果的面包，最好使用与坚果的香味非常合适的发酵能力强的酸奶种、柿子种、无花果种、橘子种等天然发酵种。

容易制作的简便面包

阿拉棒、美式薄煎饼、恰巴提等制作简单的面包，比起发酵能力强的天然发酵种，更适合有着特殊香气和个性的发酵种。试一试葡萄干种、香草种、松针种吧。

水果和蔬菜满满的果蔬面包

蓝莓棒、玉米面包、胡萝卜面包等满是蔬果的面包，比起柔软的质感，材料新鲜的口感更重要。发酵能力稳定、又能突出食材味道的苹果种、葡萄干种、面粉酸种、啤酒种等更为合适。

Part 2

充满香醇的原味黄油面包

黄油面包卷、菠萝包、甜瓜面包、
可颂牛角面包、丹麦酥皮饼

黄油面包卷 ☆☆☆ 200℃ _ 10 分钟

黄油面包卷散发着香醇的黄油味，口感柔软，
卷起的可爱造型，是它的一大特点。
直接品尝，或是涂上香甜的果酱来吃，都非常美味。

材料 12个的量

有机高筋粉 250g
原种 130g
盐 5g
有机砂糖 20g
鸡蛋 1/2 个
水 120ml
黄油 45g
鸡蛋液少许
（鸡蛋 1/2 个，牛奶 50ml）

推荐的天然发酵种

葡萄干种

葡萄种

大米种

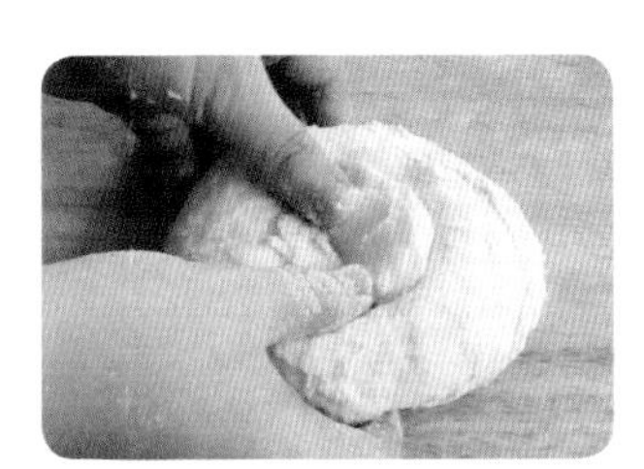

1 **制作面团** 在过筛后的高筋粉中加入原种、盐、砂糖、鸡蛋和水，糅合均匀后加入黄油，揉搓面团。

2 **第一次发酵** 将揉好的面团整理平滑，放置在 27℃的温度下，发酵 2~3 个小时。

3 **醒面团** 将经过第一次发酵的面团分成每份 45g，揉圆后盖上塑料膜，醒面团 20~30 分钟。

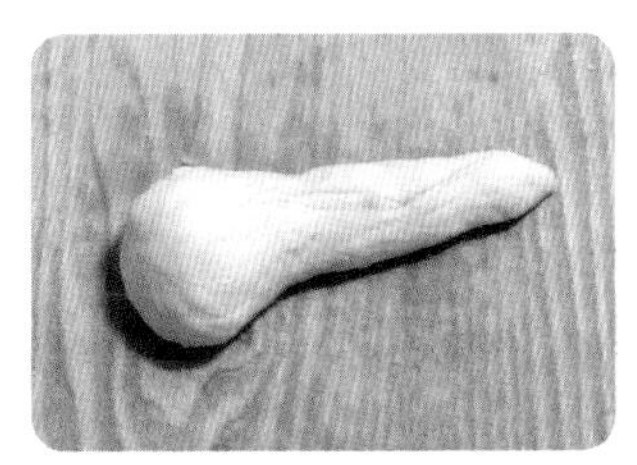

4 **面团整形** 用手揉搓醒好的面团，做成长度 6cm 左右、圆头尖尾的蝌蚪形状。

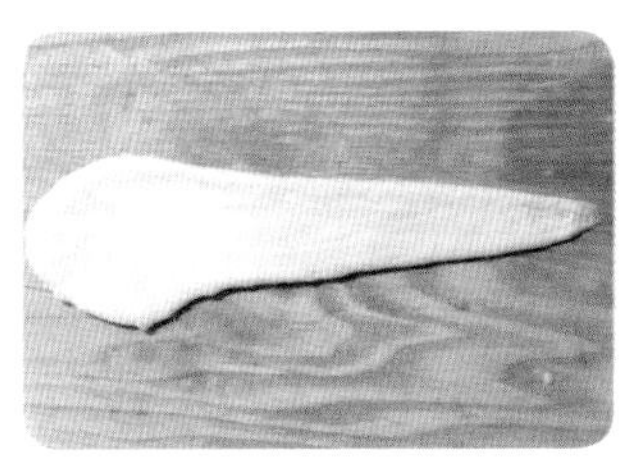

5 **擀面团** 用擀面杖轻轻地将整好形状的面团展平。

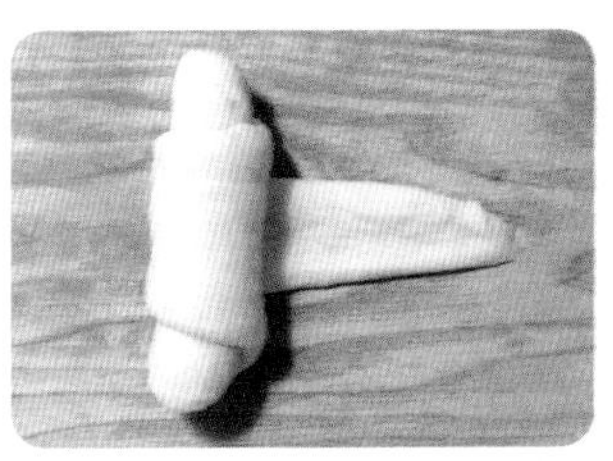

6 **卷面团** 从面团较宽的一边开始向另一边卷起，卷好的面团看起来有些像虫蛹。

7 **第二次发酵** 将卷好的面团放在烤盘里，覆盖上塑料膜，放置在 30℃的温度下，发酵 90~120 分钟。

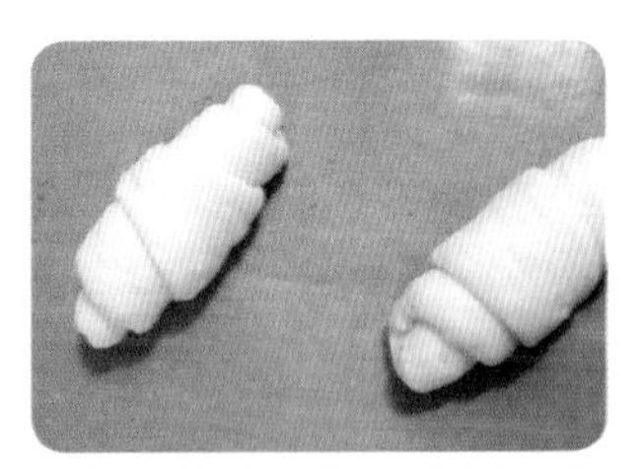

8 **入烤箱烘烤** 在发酵完的面团上用毛笔均匀地涂抹鸡蛋液，然后放进 200℃预热的烤箱中，烘烤 10 分钟左右。

烘焙笔记

因为用天然发酵种制作出的面团比起商业酵母粉制作的面团更加柔软无力，因此使用擀面杖时，需要轻轻用力。如果面团被擀得太薄，气泡全部消失，发酵就会不容易进行，需要加以注意。

菠萝包 ☆☆☆ 200℃ _ 15 分钟

凹凸不平的可爱模样，菠萝包又被韩国人称为“小麻子面包”。
外皮香脆，内部筋道的菠萝包，是充满了童年回忆的怀旧面包。
菠萝包外皮上的碎屑是用花生酱做成的，在面包和蛋糕的制作中应用广泛。

材料 10个的量

有机高筋粉 250g
原种 130g
盐 5g
有机砂糖 20g
鸡蛋 1/2 个
黄油 25g
水 120ml

菠萝皮
有机中筋粉 120g
泡打粉 3g
黄油 75g
花生酱 15g
鸡蛋 1/2 个
蜂蜜 13g
有机砂糖 75g
盐 1g

推荐的天然发酵种

大米种

酒曲种

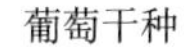
葡萄干种

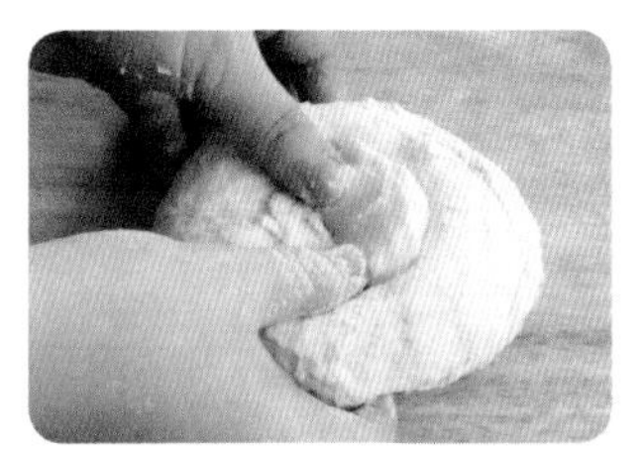

1 **制作面团** 在过筛后的高筋粉中加入原种、盐、砂糖、鸡蛋和水，糅合均匀后加入黄油，揉搓面团。

2 **第一次发酵** 将揉好的面团整理平滑，放置在 27℃ 的温度下，发酵 2~3 个小时。

3 **醒面团** 将经过第一次发酵的面团分成每份 50g，揉圆后盖上塑料膜，醒面团 20~30 分钟。

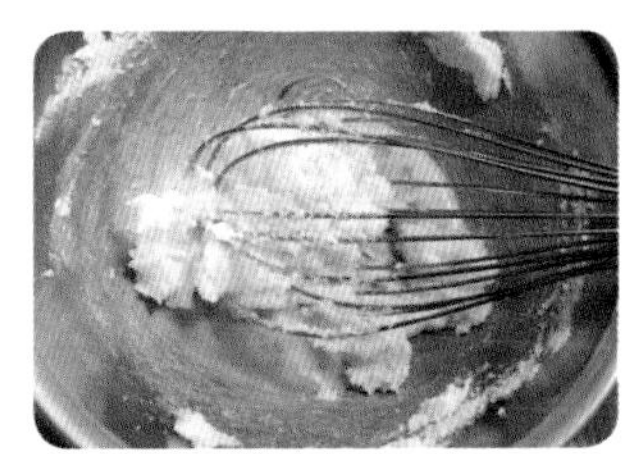

4 **混合菠萝皮材料** 用打蛋器将室温下软化的黄油和花生酱稍微混合后，加入砂糖、盐、蜂蜜、鸡蛋，搅打至形成白色的霜状。

5 **完成菠萝皮** 将过筛后的中筋粉和泡打粉加入到第四步的混合物中，竖直刮刀，以切直线般的方式快速搅拌。当搅拌物呈现均匀的泥状即可。

6 **包裹菠萝皮** 将做好的菠萝皮铺在案板上，然后将醒好的面团一个个揉圆，在下面沾一些水，略用力压在菠萝皮上，使面团的表面均匀沾满菠萝皮。

7 **第二次发酵** 将有菠萝皮的一面朝上放在烤盘里，覆盖上塑料膜，放置在 30℃ 的温度下，发酵 90~120 分钟。

8 **入烤箱烘烤** 将发酵完的面团放进 200℃预热的烤箱中，烘烤 15 分钟左右。

烘焙笔记

制作菠萝包的时候，如果另加一些压碎的花生或者核桃、杏仁等坚果，味道会更香。还可以根据个人喜好加入咖啡、可可粉等用来调味。没有用完的菠萝皮可以放进冰箱冷冻室，能保存很长时间。

甜瓜面包 ☆☆☆ 200℃ _ 15 分钟

因为与甜瓜表皮的纹路类似而得名的甜瓜面包，是日式面包的一种。甜瓜纹路的面包外皮是香脆的，内里却柔软筋道，口感很好。

材料 10个的量

有机高筋粉 250g
原种 130g
盐 5g
有机砂糖 20g
水 120ml
黄油 25g
鸡蛋 1/2 个
面粉少许

外皮
黄油 50g
有机砂糖 100g
鸡蛋 1 个
低筋粉 200g
柠檬皮 1/2 小勺

推荐的天然发酵种

大米种

苹果种

葡萄干种

烘焙笔记

制作外皮的面团时，如果搅拌材料时间过久，面团会变硬，失去酥脆的口感。只需要稍加搅拌，至看不到面粉颗粒的程度即可。在制作外皮的时候，也可以用甜瓜糖浆或者草莓糖浆等来代替柠檬皮，做成其他的口味。

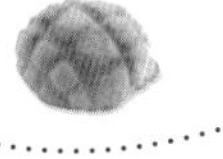

1 **制作面团进行第一次发酵** 参考 50 页基本面团的制作方法，按食谱中标明的材料分量制作出面团，然后进行第一次发酵。

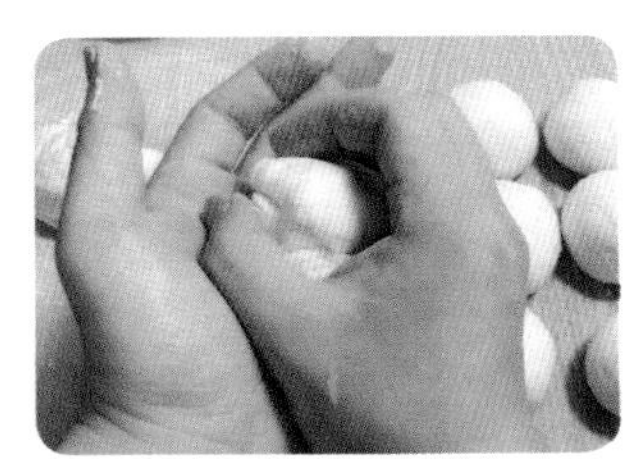

2 **醒面团** 将经过第一次发酵后的面团分成每份 50g，揉圆后盖上塑料膜，醒面团 20~30 分钟。

3 **混合外皮材料** 将室温下软化的黄油盛在碗里，加入砂糖和鸡蛋，混合均匀。

4 **制作外皮** 将低筋粉筛进第三步的搅拌物中，制成面团。用塑料膜包裹面团后，放入冰箱醒 10 分钟左右。

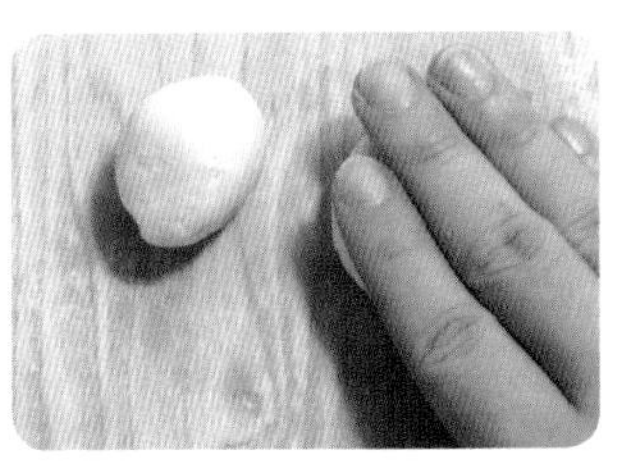

5 **切分外皮** 将醒好的外皮面团分成 10 份，各自揉圆后，用擀面杖擀成薄一些的圆形。

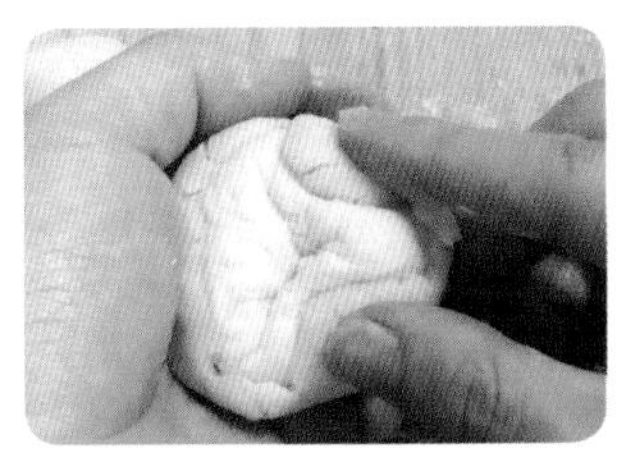

6 **包裹外皮** 将第二步中醒好的面团揉圆，包上外皮，挤压主要的面团部分，使其尽量多地被外皮包裹进去。

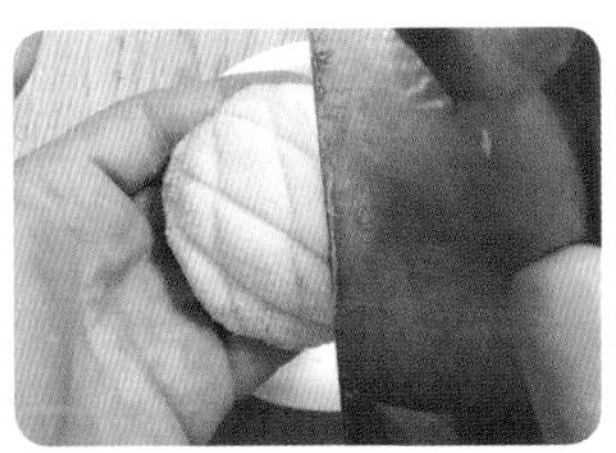

7 **划出甜瓜纹路** 在外皮上稍微撒一些糖，然后用面包割口刀或者刮板划出交叉的纹路。

8 **第二次发酵后入烤箱烘烤** 将划好纹路的面团放在烤盘上，覆盖塑料膜，放置在 30℃的温度下，发酵 100 分钟，然后放进 200℃预热的烤箱中，烘烤 15 分钟左右。

可颂牛角面包 ☆☆☆ 200℃ _ 25 分钟

层次分明的牛角形酥皮面包，
香脆的味道来自于黄油融化后生成的薄薄的空气层。
还可以将可颂牛角面包切开两半、加入内馅做成三明治。

材料 12个的量

有机高筋粉 200g
中筋粉 50g
原种 120g
盐 6g
有机砂糖 12g
黄油 10g
牛奶 15ml
水 125ml

填充用黄油 150g
面粉、鸡蛋液各少许
（鸡蛋 1/2 个，牛奶 50ml）

推荐的天然发酵种

葡萄种

大米种

天贝种

1 制作面团进行第一次发酵 参考 50 页基本面团的制作方法，按食谱中标明的材料分量制作出面团，然后加入黄油，揉匀后，进行第一次发酵。

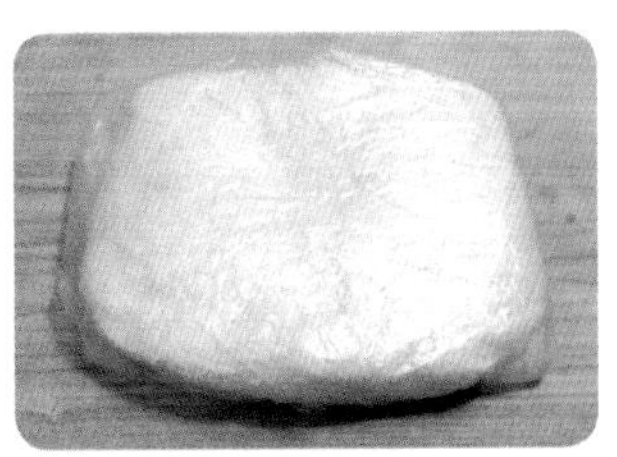

2 压平面团、黄油 用手将发酵后的面团展宽成 15cm×15cm 的扁平正方形，然后用塑料膜包裹起来。

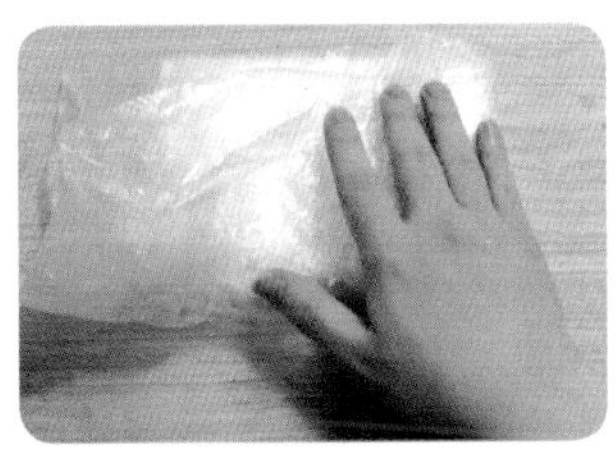

3 冷藏醒面团、黄油 将填充用的黄油也放进塑料膜中，用手按压后做成与面团同样的大小，和面团一起放进冰箱，醒 2 个小时。

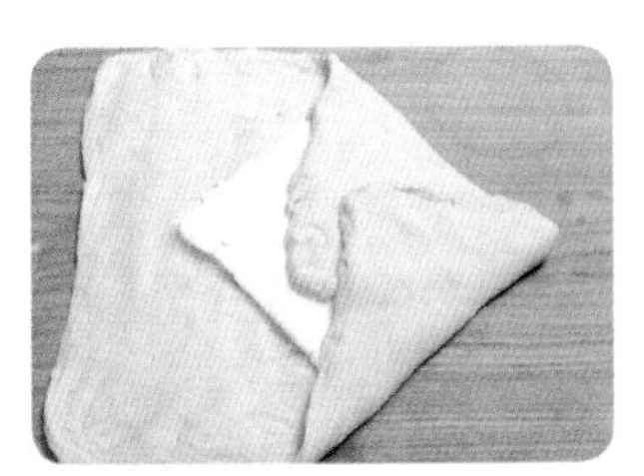

4 在面团中加入黄油 将冷藏醒好的面团用擀面杖擀成 25cm×25cm 的正方形，将黄油也从冰箱中取出，放在擀好的面团上，用面团包起来。

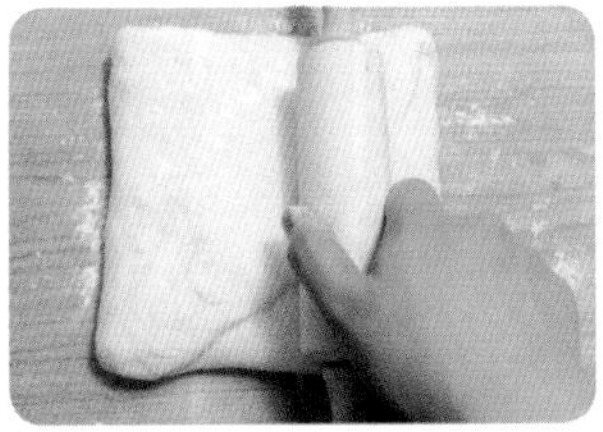

5 擀平面团 在包裹了黄油的面团上，撒上足够的面粉，再次用擀面杖擀成更薄的长方形。

6 醒面团 将面团折成 3 折后用擀面杖展宽。再重复此动作两次后，将面团用塑料膜包裹，放进冰箱冷藏 60 分钟。

7 冷藏发酵 取出冷藏醒好的面团，再重复一次第六步的过程，然后放进冰箱冷藏 90 分钟。

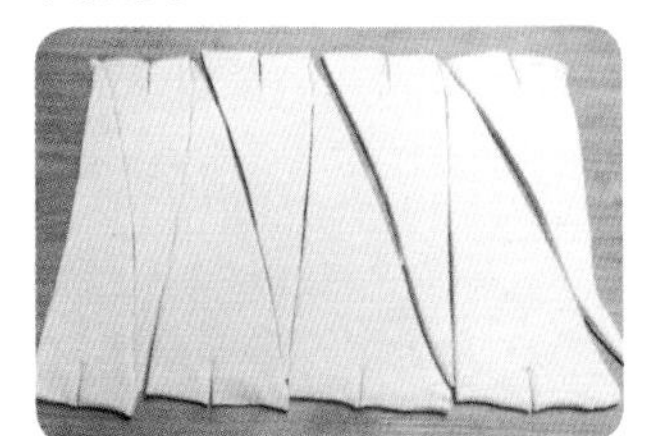

8 切成三角形 把面团擀成长 50cm，宽 40cm 的扁平长方形，然后切成 8 个底边 10cm，高 50cm 的三角形。在三角形底边的正中位置，划一道 1.5cm 的切口。

9 卷成牛角 将有切口的底边向两侧拉开，然后向三角形的尖端卷起，形成牛角的外形。

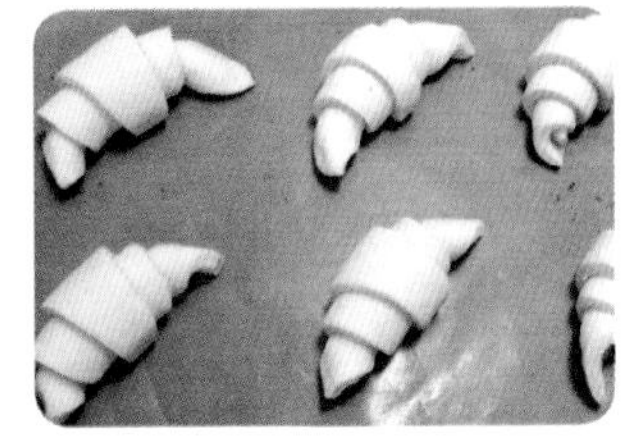

10 第二次发酵后烘烤 将面团放到烤盘上，盖上塑料膜，在 25℃的温度下发酵 60~90 分钟。然后在可颂面包表面涂上鸡蛋液，放进预热 200℃的烤箱烘烤 20~25 分钟。

丹麦酥皮饼 ☆☆☆ 200℃ _ 25 分钟

丹麦酥皮饼的特点，就在于它层层叠叠的薄薄面团那酥脆的口感。
在丹麦酥皮饼的面团中间放上巧克力、奶油、或者水果等，
并经过长时间的发酵，制成的面包有着蓬松的口感。

蜜桃丹麦酥皮饼

材料 4个的量

巧克力丹麦酥皮饼
可颂面包的面团（97 页）200g
巧克力 40g

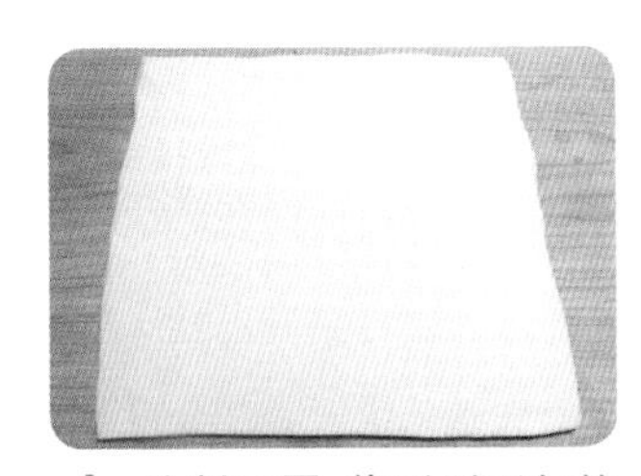

1 分割面团 将可颂面包的面团用擀面杖擀成薄片，然后分成 4 个长 11cm、宽 8cm 的长方形。

2 放入巧克力 在分割出来的面皮上分别放上 10g 的巧克力，然后将面皮上下对折，将边缘部分粘合住。

烘焙笔记

丹麦酥皮面包的面团可以一次多做一些，放在冷冻室里保存，每次使用时取一些，解冻后使用。但是用天然发酵种制作的酥皮面团却会根据不同种类的发酵种和它的状态而产生酵母死亡的现象，因此最好尽量不要冷冻。

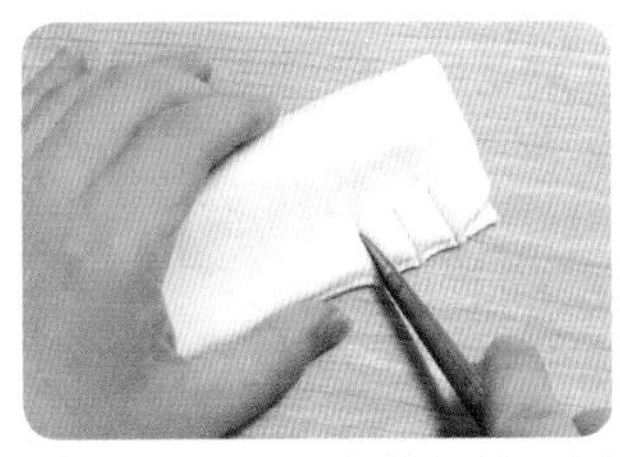

3 划出刀口 在粘好的面团边缘处，以 2cm 为间隔，划出刀口，给面团造型。

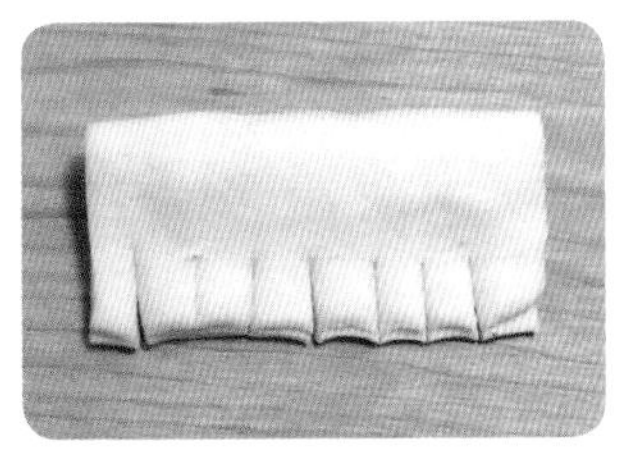

4 第二次发酵后烘烤 将面团放在烤盘上，覆盖上塑料膜，在 25℃的温度下发酵 60~90 分钟，然后放入预热 200℃的烤箱内，烘烤 25 分钟左右。

水蜜桃丹麦酥皮面包
可颂面包的面团（97 页）200g
罐头水蜜桃 4 个
卡仕达奶油适量
鸡蛋液少许
（鸡蛋 1/2 个，牛奶 50ml）

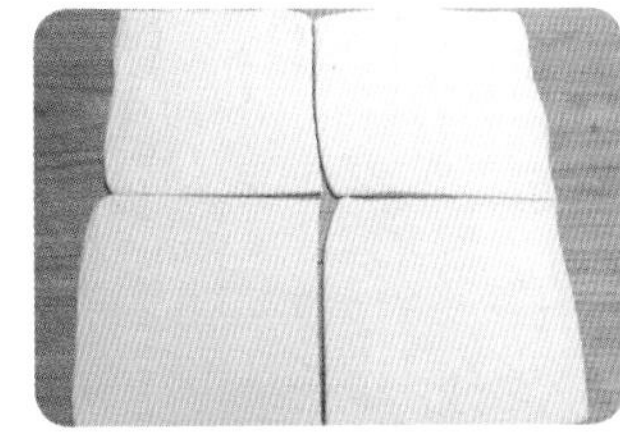

1 分割面团 将可颂面包的面团用擀面杖擀成薄片，然后分成 4 个 12cm×12cm 的正方形。

2 切开面团 将正方形的面团对角线折成三角形，然后沿着边缘 1cm 左右的位置用刀切开，留下直角部分不切断。

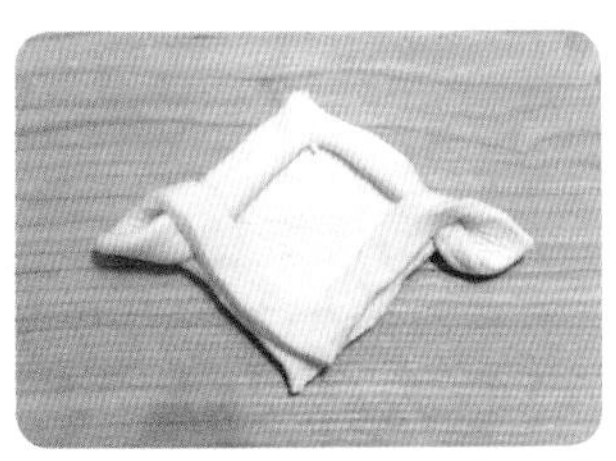

3 整形 将面团由三角形的形状下展开，然后将切开的两部分折到相反方向，形成扭转的样子。

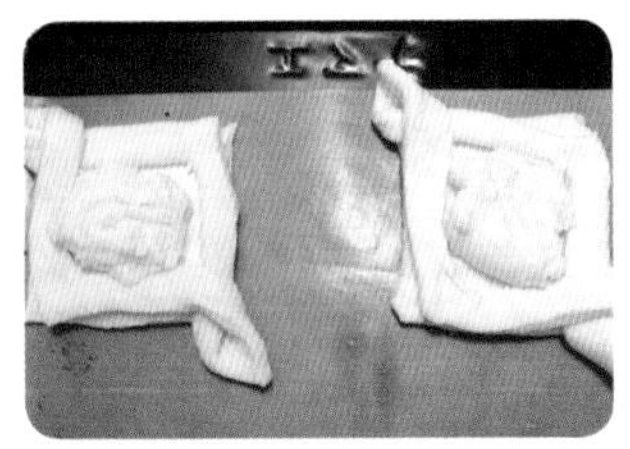

4 放上水蜜桃 将整形完成后的面团整齐地摆放在烤盘上，在面团的中间部分挤上一些卡士达奶油，然后再在上面放上一块水蜜桃。

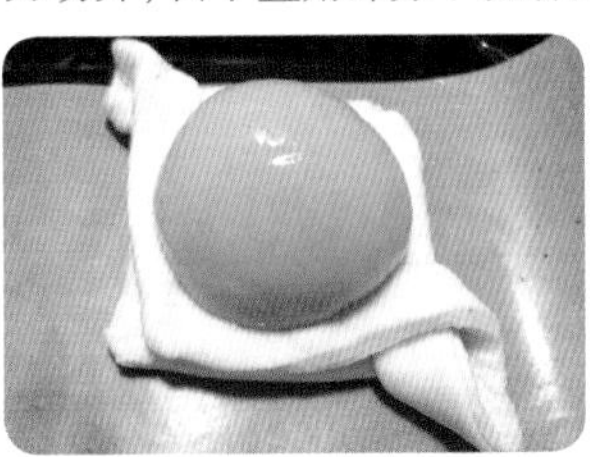

5 第二次发酵后烘烤 在面团上用毛笔均匀地涂抹一层鸡蛋液，然后覆盖上塑料膜，放在 25℃的温度下发酵 60~90 分钟，然后放入预热 200℃的烤箱内，烘烤 20~25 分钟。

拯救失败的面包的超级秘诀

制作面包的时候，难免会有失败的情况。如果感到食之无味、弃之可惜，不妨试试下面这些方法。给走了样的、味道不正的面包来个超级大变身吧。

失败的发酵面包 → 菠萝磅蛋糕

因为发酵不完全而塌陷、或者味道实在不好吃的面包，可以以磅蛋糕的形式重新复活。①首先，用食物搅拌机将面包搅碎，将碎面包与磅蛋糕的基本材料（砂糖 100g，低筋粉 80g）混合在一起，搅拌成没有结块的面团。②将融化成乳霜状的 100g 黄油和鸡蛋用打蛋器混合后，放入到①中做好的粉类材料里，用刮刀充分混合均匀。③将混合物倒入磅蛋糕的模具里，摇动拍打模具，使混合物贴到模具的边缘，然后放进 170℃预热的烤箱中烘烤 30 分钟左右。④参考 93 页制作出菠萝皮，洒在面包的顶端，就能遮盖住有些混乱的顶部，而且起到锦上添花的作用。做好的菠萝皮可以放在冷冻室中保存，每次做面包的时候撒上一些，非常好吃。

失败的吐司 → 面包布丁

如果吐司做失败了，也有办法巧妙地变身。①首先将还可以利用的部分切成方块。②将切成小块的面包整齐摆在烤箱用的碗里，然后将 5 大勺牛奶、1 个鸡蛋、3 大勺鲜奶油混合后倒入其中。③放进 180℃预热的烤箱内烤制 20 分钟即可。不仅可以作为早餐，而且加上披萨酱料、蔬菜、马苏里拉奶酪烤制的话，还能成为美味的焗烤披萨。

变硬的面包 → 面包屑

做好的面包硬得没有办法吃的时候，最容易想到的办法就是做成面包屑。①将面包在室温下风干 4 个小时，或者放进微波炉加热 5 分钟。②撕碎放进食物搅拌机里，磨成粉状。③面包磨成粉末后，均匀地铺在烤盘上，放置一天晾干。如此制成的自家面包屑，不仅比市面上的味道好，而且裹在食物上油炸的时候，香脆感会增加两三倍。裹在猪排上，还能做出日本料理店一样的柔软又香脆的炸猪排。

砂糖放少了的面包 → 白酱

失败的面包还可以做成美味的白酱。白酱是奶油意大利面或者烤鲑鱼等白肉海鲜的搭配佳品，味道糅合浓郁，广受欢迎。①首先将洋葱切碎，用橄榄油略微翻炒。②加入面包和等量的牛奶，边煮边软化面包。③用盐和胡椒调味，如果再加上一些切达芝士会更美味。

完全不能食用的面包用作除臭剂！

如果烤焦到完全不能食用、或者味道非常奇怪而无法再进行改造的面包，还可以用作除臭剂。将失败的面包放在烤箱里再烤一下，然后放进冰箱里，不仅可以去除难闻的味道，还能吸收水汽。烤到焦黑的面包才能有活性炭的作用，起到除臭的效果。

Part 3

用好吃的馅料填满的填充面包

排骨面包、卡仕达面包、豆沙面包、核桃奶油芝士面包

蔬菜金枪鱼面包、印尼天贝面包、咖喱面包

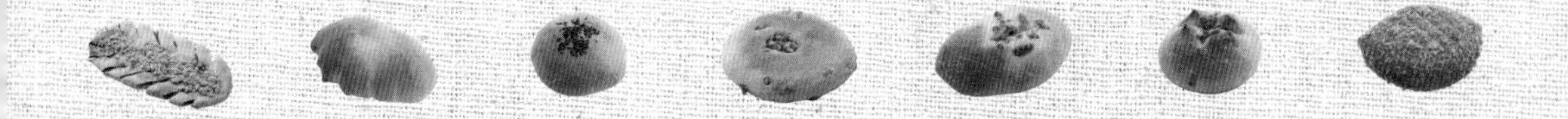

排骨面包 ☆☆☆ ⌛ 200℃ _ 15 分钟

有趣的排骨造型的面包内，充满了香甜的红豆沙，
外面则撒了香喷喷的菠萝皮一起烘烤。
请注意：排骨面包的面团如果做得太薄，发酵有可能难以成功。

材料 4个的量

有机高筋粉 250g
原种 130g
盐 5g
有机砂糖 20g
黄油 25g
鸡蛋 1/2 个
水 120ml
豆沙 300g
菠萝皮（见 93 页）适量
鸡蛋液少许
（鸡蛋 1/2 个，牛奶 50ml）

推荐的天然发酵种

苹果种

葡萄种

胡萝卜 · 山药种

1 制作面团进行第一次发酵 参考 50 页基本面团的制作方法，按食谱中标明的材料分量制作出面团，然后进行第一次发酵。

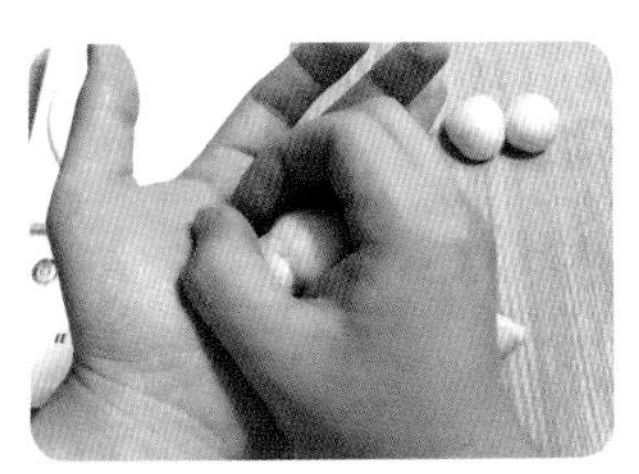

2 醒面团 将经过第一次发酵后的面团分成每份 120g 的小面团，分别揉圆后盖上塑料膜，醒面团 20~30 分钟。

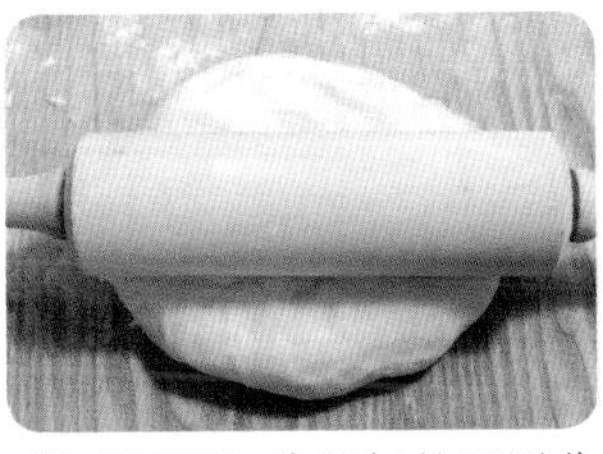

3 擀面团 将醒好的面团分别用擀面杖擀成扁平的圆形。

4 放上红豆沙 在扁圆形的面团中间，分别放上 60g 红豆沙，用面团包裹住。

5 擀平夹馅面团 用手将变得更厚的面团稍微压扁一些，有了大致的形状后，用擀面杖展开成宽而扁平的椭圆形。

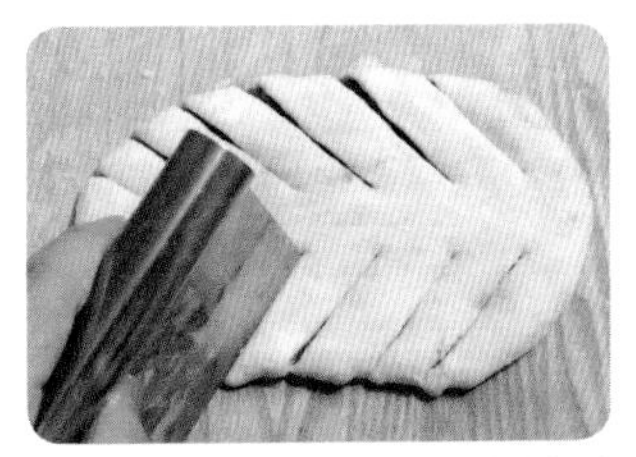

6 做出排骨造型 用金属刮刀在面团的两侧边缘处，以斜线划出排骨的模样。

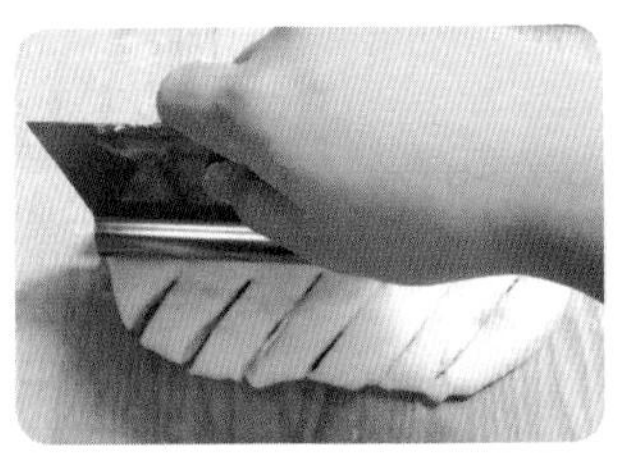

7 撒上菠萝皮 用金属刮刀的背面按压面团的中央，然后给面团涂上鸡蛋液，再撒上菠萝皮的碎屑。

8 第二次发酵后入烤箱烘烤 将划好纹路的面团放在烤盘上，覆盖上塑料膜，放置在 30℃的温度下，发酵 100 分钟，然后放进 200℃预热的烤箱中，烘烤 15 分钟左右。

排骨面包的馅料也可以用豌豆黄或者南瓜泥代替，这样就能感受不同的味道与颜色。

卡仕达面包 ☆☆☆ ⌛ 200℃ _ 15 分钟

半月形的面包里，注满了柔软的卡仕达奶油。
入口即化的甜蜜口感，堪称一绝。
天暖的时候享用和天凉的时候品尝，味道也不尽相同。

材料 10个的量

有机高筋粉 250g
原种 130g
盐 5g
有机砂糖 20g
黄油 25g
鸡蛋 1/2 个
水 120ml

卡仕达奶油
蛋黄 3 个
有机砂糖 75g
有机高筋粉 25g
牛奶 250ml
黄油 10g
香草精 5 滴
（或者香草荚 1/2 个）
鸡蛋液少许
（鸡蛋 1/2 个，牛奶 50ml）

推荐的天然发酵种

大米种　酒曲种　葡萄种

1 混合卡仕达奶油材料 用打蛋器将蛋黄、砂糖和过筛后的高筋粉混合，然后分次倒入加热过的牛奶，搅拌均匀。

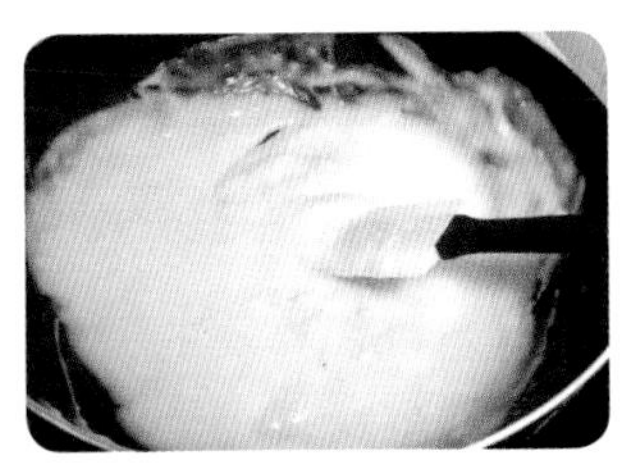

2 熬卡仕达奶油 将第一步的材料熬至浓稠后加入黄油，关火，再加入香草精，放凉。

3 制作面团进行第一次发酵 参考 50 页基本面团的制作方法，按食谱中标明的材料分量制作出面团，然后进行第一次发酵。

4 分割面团揉成球形 将经过第一次发酵的面团分成每份 50g 的小面团，分别揉圆后盖上塑料膜，醒面团 20~30 分钟。

5 放上奶油 用擀面杖将面团擀平，在中间分别放上 30g 卡仕达奶油，然后将面团上下对折，粘住边缘部分。

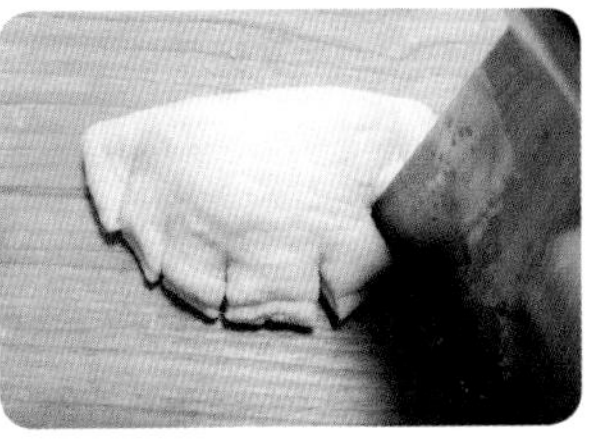

6 划出刀口 用金属刮刀在面团的边缘处，划出几个短短的刀口。

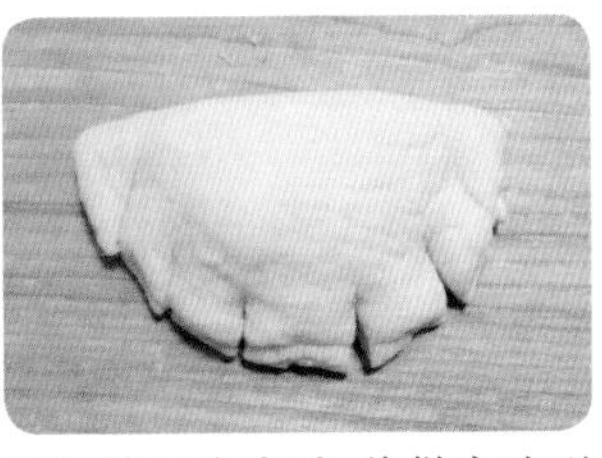

7 第二次发酵 将做完造型的面团放在烤盘上，均匀涂抹鸡蛋液，然后放置在 30℃ 的温度下，发酵 90~120 分钟。

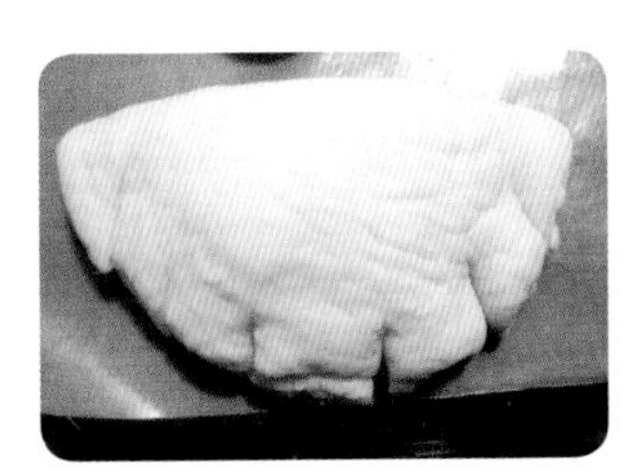

8 入烤箱烘烤 将发酵好的面团放进 200℃预热的烤箱中，烘烤 15 分钟左右。

烘焙笔记

制作卡仕达奶油酱时，如果减少一些牛奶而增加等量的鲜奶油，做出的卡士达奶油酱味道会更好。卡仕达面包最适合的天然发酵种是大米种。

豆沙面包 ☆☆☆ 200℃ _ 15 分钟

男女老少都喜欢的、令人怀念的豆沙面包。
用天然发酵种慢慢发酵熟成的红豆面包，
即使放上一段时间也不容易变硬。
如果使用发酵能力强的大米种，面包的口感会更加柔软。

材料 10个的量

有机高筋粉 250g
原种 130g
盐 5g
有机砂糖 20g
黄油 25g
鸡蛋 1/2 个
水 120ml
红豆沙 360g
核桃、芝麻适量
鸡蛋液少许
（鸡蛋 1/2 个，牛奶 50ml）

推荐的天然发酵种

大米种

胡萝卜·山药种

酒曲种

1 制作面团进行第一次发酵 参考 50 页基本面团的制作方法，按食谱中标明的材料分量制作出面团，然后进行第一次发酵。

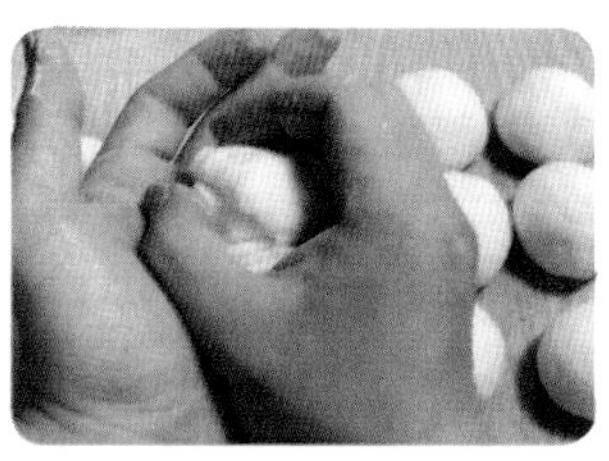

2 分割面团 将经过第一次发酵的面团分成每份 50g 的小面团，分别揉圆。

3 擀面团 给揉成圆球状的面团盖上塑料膜，放在室温中醒面 20~30 分钟。

4 放上红豆沙 将圆球状的面团用手压扁后，在中间分别放上 40g 红豆沙。

5 包住豆沙馅并造型 将豆沙馅压入面团中，让面团完全包裹住馅料，然后再用手压扁。

6 涂抹鸡蛋液 将包了红豆沙的面团放在烤盘上，再次压平后，用毛刷给面团涂上薄薄的一层鸡蛋液。

7 撒上黑芝麻 在涂抹过鸡蛋液的面团上分别撒上少许黑芝麻。

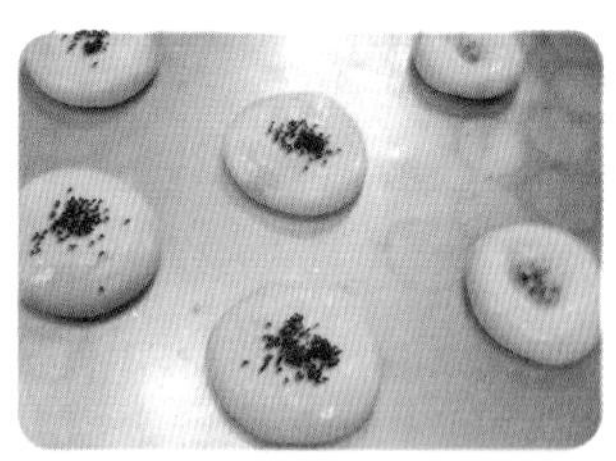

8 第二次发酵后入烤箱烘烤 将面团放置在 30℃的温度下，发酵 90~120 分钟，然后放进 200℃预热的烤箱中，烘烤 15 分钟左右。

烘焙笔记

在豆沙面包的红豆沙馅内包进 2 至 3 颗核桃，再放入面团中。香甜的豆沙融合了核桃的香味，能够增添更加特别的的味道。

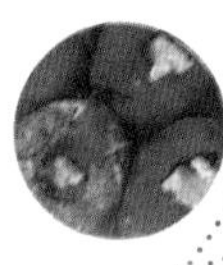

核桃奶油芝士面包 ☆☆☆ ⌛ 200℃ _ 15 分钟

加入了香喷喷核桃仁的面团，包裹着柔软的奶油芝士，
这款核桃奶油芝士面包在面包店里人气很高。
天然发酵面包特有的细密的气孔，
配上奶油芝士，更增加了有嚼劲的口感。

材料 7个的量

有机高筋粉 200g
黑麦粉 50g
原种 120g
盐 5g
有机砂糖 20g
黄油 25g
鸡蛋 1/2 个
水 120ml
切碎的核桃 70g

奶油芝士 210g
核桃 7 颗

推荐的天然发酵种

葡萄种

胡萝卜·山药种

面粉种

1 **制作面团进行第一次发酵** 参考 50 页基本面团的制作方法，按食谱中标明的材料和碎核桃的分量制作出面团，然后进行第一次发酵。

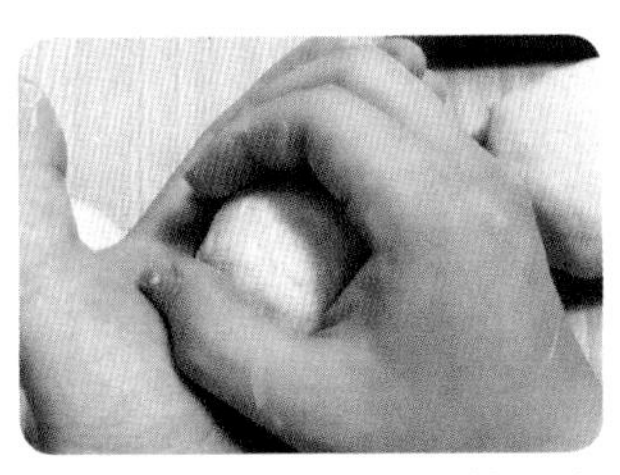

2 **分割面团** 将经过第一次发酵后的面团分成每份 70g 的小面团，分别揉成圆球状。

3 **醒面团** 给小面团盖上塑料膜，醒面团 20~30 分钟。

4 **放上奶油芝士** 用手压扁面团后，在中间分别放上 35g 奶油芝士。

5 **包出造型** 将面团拉到中间合拢，完全包裹住奶油芝士，然后再用手揉圆。

6 **擀平面团** 用擀面杖将包了奶油芝士的面团擀成扁平的圆形，在顶部中间放上一颗核桃。

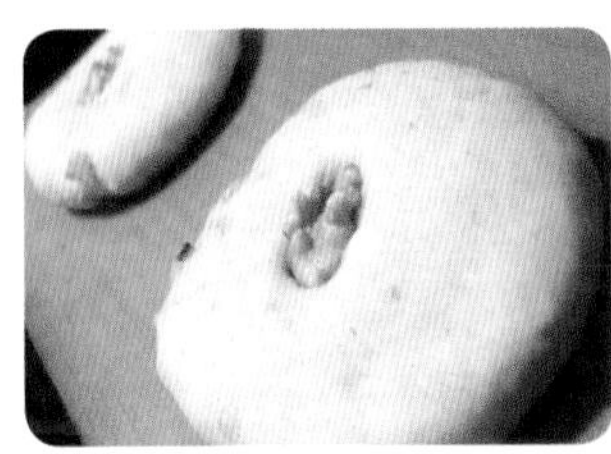

7 **第二次发酵** 将做完造型的面团盖上塑料膜，然后放置在 30℃的室温内 90~120 分钟，进行第二次发酵。

8 **入烤箱烘烤** 在烤盘上铺上硅油纸，然后将发酵好的面团放在上面，在 200℃预热的烤箱中烘烤 15 分钟左右。

烘焙笔记

加入面团中的核桃如果打得太碎，会使面包的嚼头减少。因此最好将核桃用食物搅拌机打碎成均匀的大小。尽管一开始就混合到面团里也可以，但是在第一次发酵之后再加入口感会更好。

蔬菜金枪鱼面包 ☆☆☆ 200℃ _ 15 分钟

用美乃滋（蛋黄沙拉酱）拌上去了油的金枪鱼、蔬菜和玉米，
把面包填得满满的。
金枪鱼那萦绕在口中的鲜香配上新鲜的蔬菜，
展现了初次体验到的独特味道。

材料 12个的量

有机高筋粉 250g
原种 130g
盐 5g
有机砂糖 20g
鸡蛋 1/2 个
橄榄油 1 大勺
水 120ml

馅料
玉米罐头 50g
金枪鱼罐头 100g
洋葱末 20g
欧芹末 1 大勺
披萨用芝士 3 大勺
美乃滋酱适量

推荐的天然发酵种

胡萝卜·山药种

葡萄种

大米种

1 **准备馅料** 将玉米罐头倒在过滤网上滤去水分，金枪鱼罐头也同样滤去油脂后适当压碎。

2 **混合馅料** 将准备好的玉米、金枪鱼、洋葱末、欧芹末全部放在碗里，加入美乃滋酱，搅拌均匀。

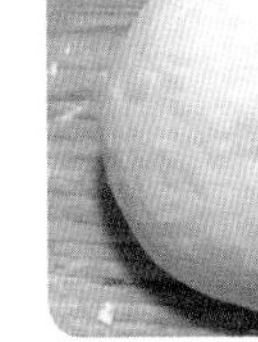

3 **制作面团进行第一次发酵** 参考 50 页基本面团的制作方法，按食谱中标明的材料分量制作出面团，然后进行第一次发酵。

4 **分割面团后醒面** 将经过第一次发酵的面团分成每份 50g 的小面团，揉圆后盖上塑料膜，醒面团 20~30 分钟。

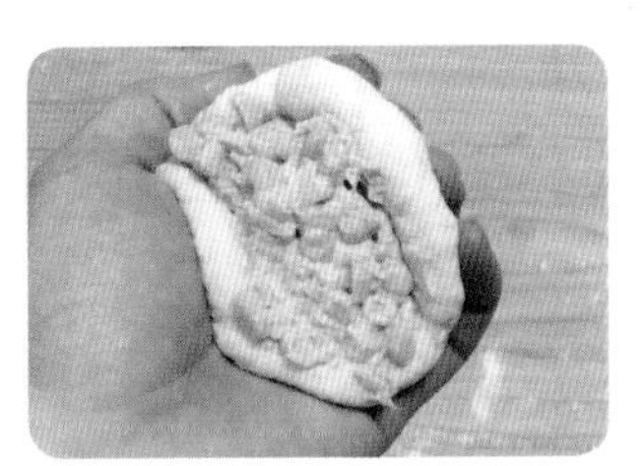

5 **放上馅料** 用手压扁面团后，放上馅料，将面团拉到中间合拢，仔细捏紧不让面团漏出馅料。

6 **第二次发酵** 给做完造型的面团盖上塑料膜，然后放置在 30℃的温度下 100 分钟左右，进行第二次发酵。

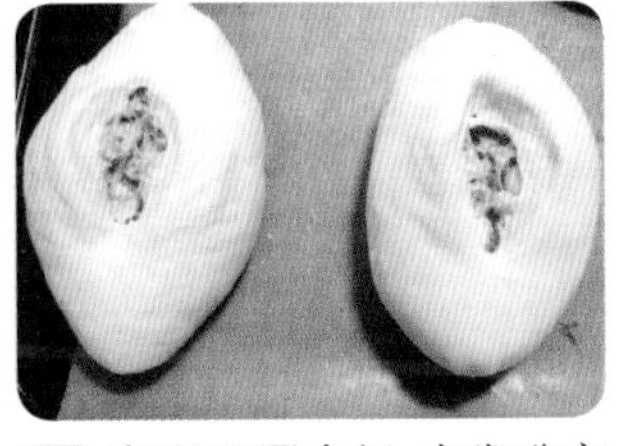

7 **割开面团中间** 在发酵完成的面团中间部位，用剪刀剪开一半，使其向两边裂开。

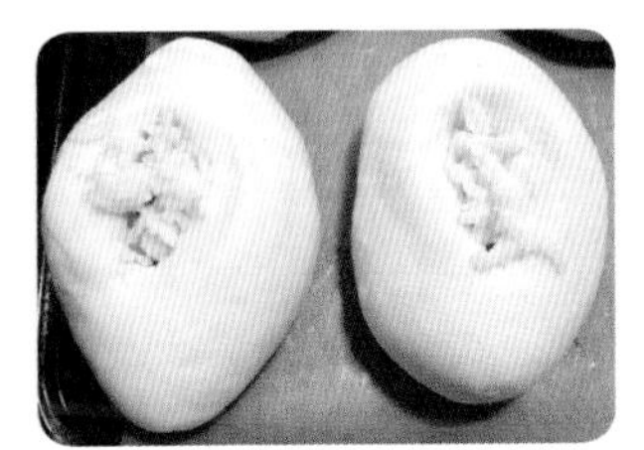

8 **放上披萨芝士烘烤** 在裂开的位置放上少许披萨芝士，放进 200℃预热的烤箱中，烘烤 15 分钟左右。

烘焙笔记

根据个人喜好，也可以加入甜椒或番茄等食材。用番茄酱代替美乃滋酱的话，就成了披萨面包。最后，在完成的面包上撒上一些欧芹粉末，作品就显得更加像样了。

印尼天贝面包

☆☆☆ 200℃ _ 15 分钟

天贝是用大豆制成的印度尼西亚传统发酵食品，
与韩国的清曲酱、日本的味噌相似，
被广泛应用在各种料理中。
含有多种抗氧化物质的天贝用来烤制面包，
不仅美味，营养也非常丰富。

材料 12个的量

有机高筋粉 250g
原种 130g
盐 5g
有机砂糖 20g
鸡蛋 1/2 个
橄榄油 1 大勺
水 120ml

馅料

天贝 200g
油菜 1 颗
洋葱末 1 大勺
蒜末 1 小勺
辣味番茄酱 1½ 大勺
印尼炒饭酱 1 小勺
橄榄油 2 大勺
披萨用芝士 3 大勺

推荐的天然发酵种

天贝种

大米种

橘子种

1 **准备馅料** 将天贝切成 1cm 宽的丁，油菜也洗净后切成与天贝相同的大小。

2 **翻炒馅料** 在平底锅里倒上油，放入洋葱末、蒜末、天贝翻炒，之后再加入油菜、辣味番茄酱和印尼炒饭酱，边拌边炒。

3 **制作面团进行第一次发酵** 参考 50 页基本面团的制作方法，按食谱中标明的材料分量制作出面团，然后进行第一次发酵。

4 **分割面团后醒面** 将经过第一次发酵的面团分成每份 50g 的小面团，揉圆后盖上塑料膜，醒面团 20~30 分钟。

5 **放上馅料** 用手压扁面团后，放上馅料，将面团拉到中间合拢，仔细捏紧让面团包住馅料。

6 **第二次发酵** 将包好馅料的面团按成扁圆形，盖上塑料膜，然后放置在 30℃的温度下 90~120 分钟左右，进行第二次发酵。

7 **剪出十字模样** 在发酵完成的面团中间部位，用剪刀剪出一个十字，在里面放上少许披萨芝士。

8 **入烤箱烘烤** 将面团放进 200℃预热的烤箱中，烘烤 15 分钟左右。

烘焙笔记

天贝是任何人都能轻易在家里制作的，参考本书 116 页做做看吧。进口食品店里也可以买到冷冻的天贝。印尼炒饭酱是印度尼西亚的传统酱料，在百货商场或者进口食品店里也可以买到。

咖喱面包 ☆☆☆ ⌛ 180℃ _ 5分钟

在面包中加入香辣的咖喱，外层裹满面包屑，过油炸成的日式面包。
用传统的印度咖喱代替速食咖喱，味道更好。
如果将油炸改为烘烤的话，则可以品尝到比较清淡的味道。

材料 9个的量

有机高筋粉 250g
原种 130g
盐 5g
有机砂糖 20g
黄油 25g
鸡蛋 1/2 个
水 130ml

咖喱
丁香 2 颗
月桂叶 1 片
胡萝卜末、甜椒末 各 3 大勺
洋葱末 4 大勺
蒜末 1 大勺
生姜末 1/2 大勺
牛肉末 250g
番茄泥 5 大勺
酸奶 1/4 杯
孜然粉 1 小勺
咖喱粉 2 大勺
炒过的面粉 1 大勺
盐、砂糖、胡椒粉各少许
水 1 杯

推荐的天然发酵种

葡萄干种

葡萄种

大米种

烘焙笔记

放入咖喱面包里的咖喱应该没有丝毫水分。向材料中加水的时候，需要先确认切碎的蔬菜有没有出水，视具体情况调整加水的量。

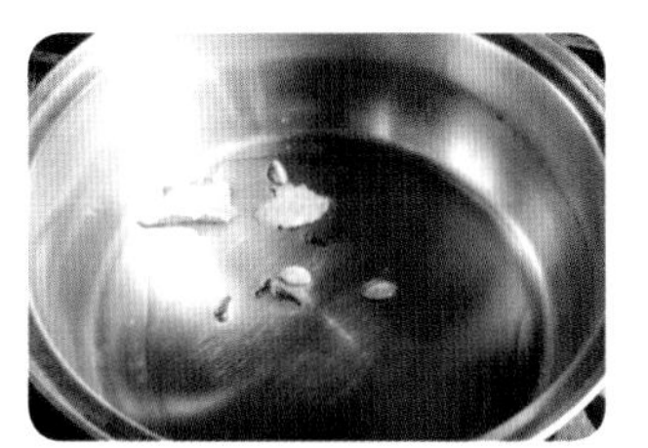

1 **炒丁香、月桂叶** 在锅内倒入油，放入丁香、月桂叶，炒出香味。

2 **加入蔬菜翻炒** 向完成第一步的锅中加入洋葱末、蒜末、生姜末、胡萝卜末和甜椒末，继续翻炒。

3 **加入牛肉翻炒** 将牛肉末加入到锅中，翻炒一会儿后再加入番茄泥、酸奶、1 杯水、孜然粉、咖喱粉、胡椒粉，搅拌均匀后继续在火上煮。

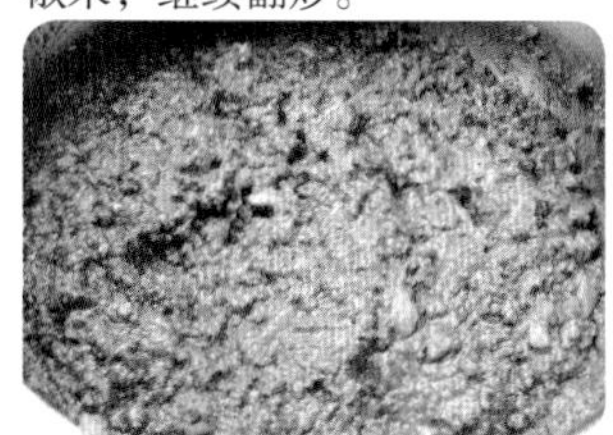

4 **加入面粉翻炒** 咖喱煮熟后，加入炒过的面粉，搅拌以避免其成团。然后加入盐和糖调味，煮至锅中没有水汽。

5 **制作面团进行第一次发酵** 参考 56 页基本面团的制作方法，按食谱中标明的材料分量制作出面团，进行第一次发酵。然后将面团分成每份 60g 的小面团，揉圆后盖上塑料膜，醒 20~30 分钟。

6 **放上馅料** 用擀面杖将发酵好的面团擀成扁平的圆形后，在上面分别放入 40g 的咖喱馅料，用面团包裹住馅料后，揉成椭圆球体的形状。

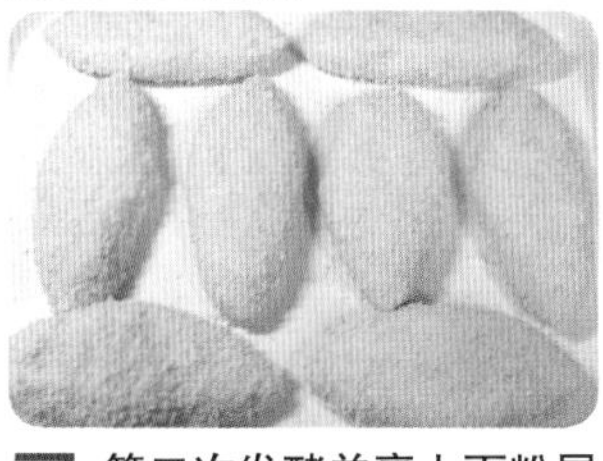

7 **第二次发酵并裹上面粉屑** 将包好馅料、整好形的面团均匀裹上面包屑，轻轻抖落多余的碎渣，然后放在 30℃的温度下 60~90 分钟进行第二次发酵。

8 **下油炸熟** 将食用油加热至 180℃左右，放入第七步中发酵好的咖喱面包，炸至面包呈褐色。

没有臭味的发酵食品——天贝的制作

天贝是用大豆制成的印度尼西亚传统发酵食品，与韩国的清曲酱相似。天贝是将人豆去皮蒸熟后，用香蕉叶包裹发酵而成的，在制作天贝面包、饼干、或者三明治、汉堡等各种各样的料理时被广泛使用。因为其几乎没有臭味，所以西方人也很喜欢。天贝在发酵过程中会使维生素 B 的含量增加，产生抗氧化成分，因此被看做健康食品，拥有很高的人气。

材料准备 黄豆 500g，醋 2 小勺，天贝发酵菌 5g

1 **浸泡黄豆** 将做酱曲用的黄豆清洗干净放入水中浸泡一夜，水量没过黄豆一倍即可。

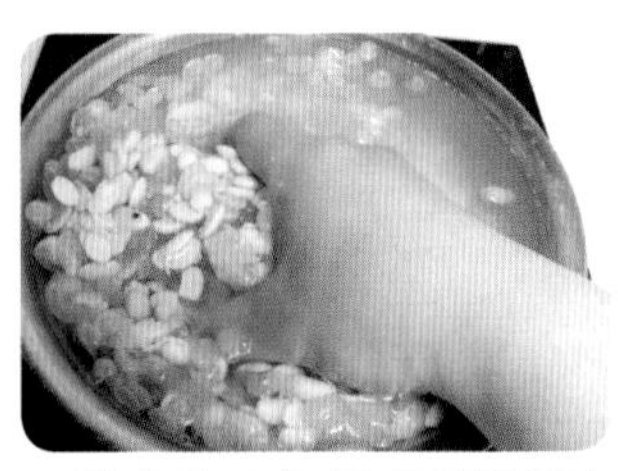

2 **除去黄豆皮** 用手揉搓浸泡过的黄豆，去掉黄豆的皮。

3 **煮黄豆** 将泡在水里的黄豆放入沸水中，用中火煮 30 分钟左右。其间向锅里加入 2 小勺食醋。

4 **沥干煮熟的黄豆** 黄豆煮熟以后，放在过滤网里沥干水分，然后铺展开，晾干剩余的水分。

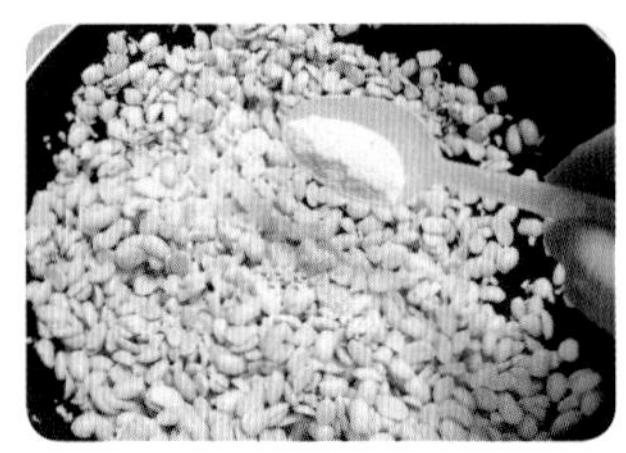

5 **加入天贝发酵菌** 在没有水分、完全干燥的黄豆中加入天贝发酵菌，搅拌均匀。

6 **分装黄豆** 将黄豆分成 200g 每份，分开装在塑料袋中密封，然后分别在塑料袋上用牙签扎出 5 个小洞。

7 **发酵** 将袋中的黄豆置于 30℃ 的温度下，发酵 36~48 小时。发酵进行顺利的话，会有白色的菌丝生长出来，并结实地聚集在一起。

Part 4

坚果和谷物的盛宴，健康（well–being）面包

黑豆芝麻面包、水果黑麦面包、芝麻面包、葵花籽面包

红曲卷、三色果仁面包、黑米面包、发芽糙米面包

荞麦核桃面包、摩洛哥芝麻面包、孜然面包、黑麦面包

五谷杂粮面包、黑麦酸种面包、啤酒面包

黑豆芝麻面包

☆☆☆ 200℃ _ 40 分钟

含有丰富的花青素、抗氧化效果卓越的黑豆遇到了芝麻，
面包的味道和营养都跟着得到了升级。
芝麻消除了豆子的土腥味，让香喷喷的味道更上一层楼。

材料 2个的量

有机高筋粉 250g
原种 125g
盐 5g
有机砂糖 12g
黄油 10g
芝麻 60g
牛奶 15ml
水 125ml
煮熟的黑豆 60g

推荐的天然发酵种

酸奶种

橘子种

葡萄干种

1 制作面团进行第一次发酵 参考50页基本面团的制作方法，按食谱中标明的材料的分量，将除黑豆外的所有材料搅拌均匀，制作出面团，然后进行第一次发酵。

2 醒面团 将经过第一次发酵后的面团平均分成两份，分别揉成圆球状，然后盖上塑料膜，醒面团20~30分钟。

3 在面团中加入黑豆 用擀面杖将醒好的面团擀平后，在每份面团中放入30g黑豆，与面团混合均匀。

4 擀面团 用擀面杖将第三步中混合后的面团擀平，然后将边缘部分折起，形成长的椭圆形。

5 裹上芝麻进行第二次发酵 用喷雾器在整形后的面团上洒水，在芝麻上滚一滚，使表面沾满芝麻，然后用塑料膜覆盖上面团，放置于30℃的温度下发酵90~120分钟。

6 划出刀口并入烤箱烘烤 在经过第二次发酵的面团上划出直线型的刀纹，然后放进180℃预热的烤箱内，烘烤大约30~40分钟。

烘焙笔记

在制作黑豆芝麻面包的面团时，如果能用煮过黑豆的水代替普通水加入到面团里，做出来的面包会更香。黑豆也可以用鼠眼豆或者鹿藿来代替。

水果黑麦面包

180℃ _ 30 分钟

将切碎的橙子、柠檬、樱桃等用砂糖腌渍而成的水果干，
放进香喷喷的黑麦面包中一起烘烤，酸甜清爽的味道层出不穷。
水果干也可以用葡萄干或者蔓越莓干来代替。

材料 2个的量

有机高筋粉 190g
黑麦粉 60g
原种 150g
盐 6g
有机砂糖 20g
水 140ml
水果干 30g

推荐的天然发酵种

黑麦酸种

面粉种

橘子种

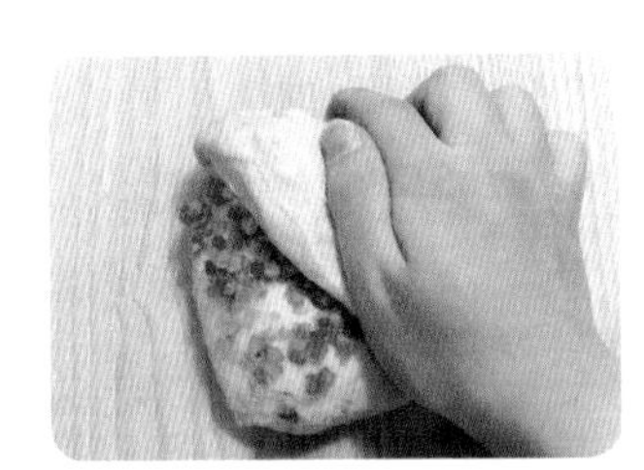

1 **制作面团** 在过筛后的高筋粉中加入原种、盐、糖和水，搅拌均匀后，揉搓面团直到平整，然后放入水果干混合均匀。

2 **第一次发酵** 将面团揉圆后，放置在27℃的温度下，发酵2~3个小时。发酵完成后，将面团平均分成2份，重新整理面团形状后覆盖上塑料膜，醒20分钟左右。

3 **整形** 用擀面杖将醒好的面团擀平，然后边缘部分向中间卷起，做成一个椭圆。

4 **第二次发酵** 将椭圆形的面团放在烤盘上，覆盖塑料膜后放置在30℃的温度下，发酵90~120分钟。

5 **制造蒸汽效果** 在烤盘上排满石头，放在烤箱的最下面一格，将烤箱预热到220℃烧热石头，然后在石头上淋80ml左右的水，制造出蒸汽效果。

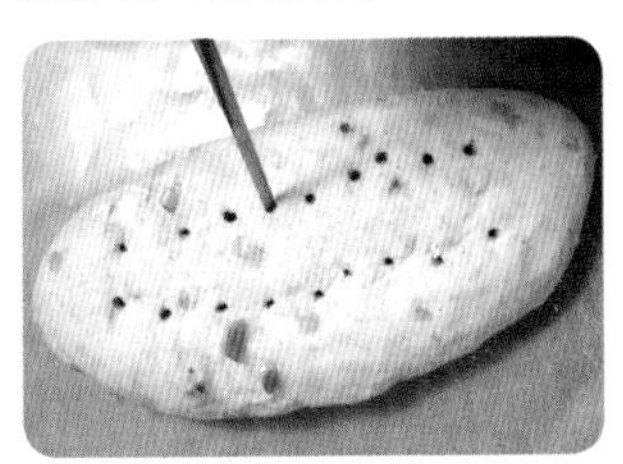

6 **入烤箱烘烤** 用筷子在面团上扎一些洞，然后将面团放在发热的石头的上层，在有蒸汽升腾的状态下烘烤10分钟左右。当面团出现颜色变化时，将烤箱温度降低至180℃，再烤25~30分钟。

烘焙笔记

制作水果黑麦面包的时候，最好使用黑麦酸种。加入黑麦酸种能够让面团的体积膨胀得更大，同时也能制作出风味更佳的面包。

芝麻面包 ☆☆☆ ⌛ 180℃ _ 15 分钟

在葫芦形的面团中加入香气浓郁的芝麻所做出的芝麻面包。
嚼在嘴里沙沙作响的芝麻，含有丰富的抗老化成分。
很适合涂上香甜的草莓果酱一起享用。

材料 3个的量

有机高筋粉 250g
原种 100g
盐 5g
有机砂糖 5g
芝麻 25g
橄榄油 1 小勺
水 140ml

推荐的天然发酵种

葡萄干种

柿子种

橘子种

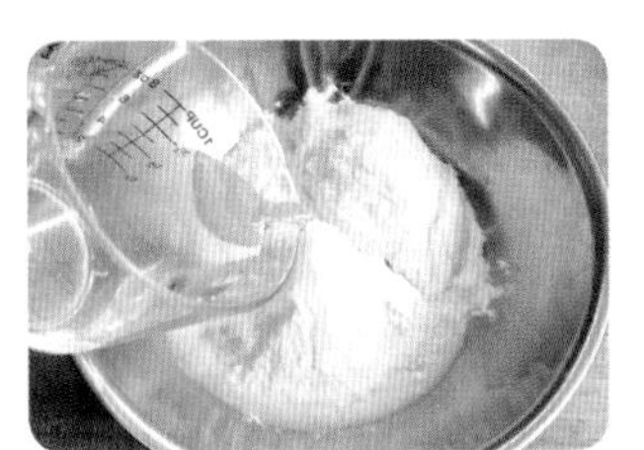

1 **制作面团** 在过筛后的高筋粉中，加入原种、盐、糖、水和橄榄油，搅拌均匀后放入芝麻，揉搓面团直到表面平整。

2 **第一次发酵** 将揉好的面团整理好形状放在碗中，覆盖上塑料膜，然后放置在27℃的温度下，发酵2~3个小时。

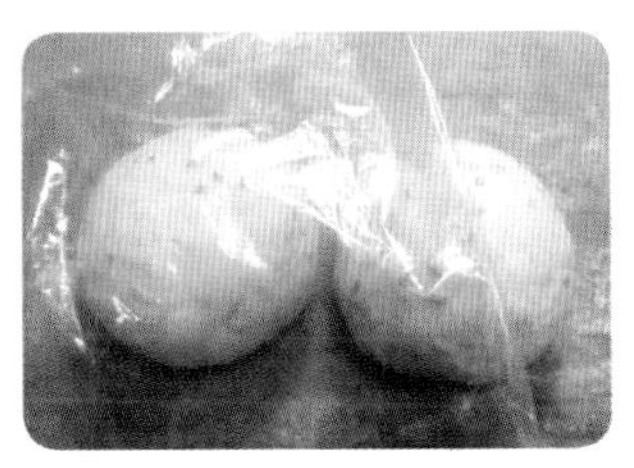

3 **醒面团** 将经过第一次发酵的面团平均分成3份，分别揉圆后再盖上塑料膜，醒20~30分钟。

4 **按压面团中央** 用手按压醒好的面团中央，形成一个凹槽。

5 **扭转面团** 抓住面团的两端向相反方向扭转2~3次。

6 **第二次发酵** 为了防止做好形状的面团干燥，覆盖塑料膜后放置在30℃的温度下，发酵90~120分钟左右。

7 **制造蒸汽效果** 在烤盘上排满石头，放在烤箱的最下面一格，将烤箱预热到220℃烧热石头，然后在石头上淋80ml左右的水，制造出蒸汽效果。

8 **入烤箱烘烤** 将面团放在发热的石头的上层，在有蒸汽升腾的状态下烘烤10分钟左右。当面团出现颜色变化时，将烤箱温度降低至180℃，再烤10~15分钟。

烘焙笔记

先将石头烤热再淋上热水，水蒸汽瞬间向上升腾，可以呈现出蒸汽的效果。在蒸汽中烤制面包能够让面包的口感更加柔软。如果烤箱本身带有蒸汽功能，直接使用该功能即可。

葵花籽面包

☆☆☆ ⌛ 180℃ _ 25 分钟

外表香脆、内里有嚼劲的葵花籽面包，
一口一口慢慢咀嚼，能够感受到浓厚的香味。
葵花籽富含抗氧化剂维生素 E，
在阻止细胞老化方面效果卓越。

材料 2个的量

有机高筋粉 250g
原种 120g
盐 6g
有机砂糖 7g
橄榄油 1 大勺
水 135ml
葵花籽 50g

推荐的天然发酵种

苹果种

无花果种

酸奶种

1 **制作面团** 参考 50 页基本面团的制作方法，按食谱中标明的材料分量制作出面团，然后将葵花籽揉进面团。

2 **第一次发酵** 将揉好的面团放置在 27℃的温度下，发酵 2~3 个小时，然后将面团分为两半，分别揉圆后，醒 20~30 分钟。

3 **整形** 在醒好的面团上，用金属刮刀厚实的一边，按压出十字形。

4 **裹上葵花籽** 用喷雾器在整形好的面团上洒水，然后均匀地包裹上一层葵花籽。

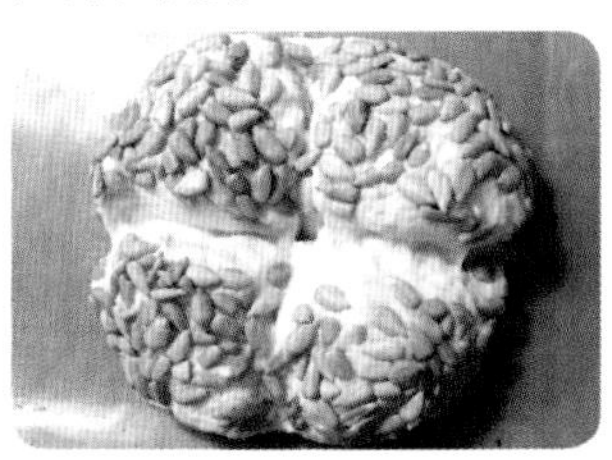

5 **第二次发酵** 将裹了葵花籽的面团覆盖上塑料膜，然后放置在 30℃的温度下 100 分钟左右，进行发酵。

6 **制造蒸汽效果** 在烤盘上排满石头，放在烤箱的最下面一格，将烤箱预热到 220℃烤热石头，然后在石头上淋 80ml 左右的水，制造出蒸汽效果。

7 **入烤箱烘烤** 将盛有面团的烤盘放在发热的石头的上层，在有蒸汽升腾的状态下烘烤 10 分钟左右。当面团出现颜色变化时，将烤箱温度降低至 180℃，再烤 20~25 分钟。

烘焙笔记

尽管葵花籽可以直接使用，但如果能够在平底锅内稍微翻炒一下再加进去，则会令香味更加明显。

红曲卷 ☆☆☆ 200℃ _ 10 分钟

加入了红色的酒曲“红曲”制成的粉红色健康面包。
红曲有着净化血液，帮助消化的作用。
但如果使用了过多的红曲粉，
面团会因此变稀，影响口感，最好适当添加。

材料 12个的量

有机高筋粉 245g
红曲粉 5g
原种 125g
盐 5g
有机砂糖 20g
鸡蛋 1/2 个
水 130ml
黄油 30g
鸡蛋液少许
（鸡蛋 1/2 个，牛奶 50ml）

推荐的天然发酵种

大米种

酒曲种

葡萄干种

1 制作面团 在过筛后的高筋粉中，加入红曲粉、原种、盐、糖、鸡蛋和水，搅拌均匀后放入黄油，揉搓面团。

2 第一次发酵 将揉好的面团整理得表面平整，覆盖上塑料膜，然后放置在 27℃的温度下，发酵 2~3 个小时。

3 醒面团 将经过第一次发酵的面团平均分成每份 45g，分别揉圆后，再盖上塑料膜，醒 20~30 分钟。

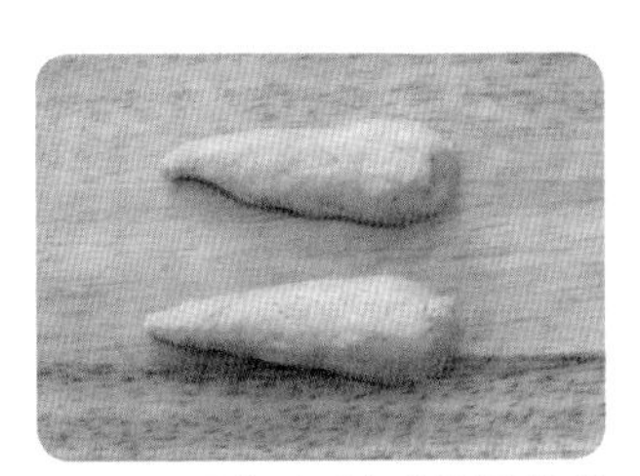

4 面团整形 用手掌揉搓醒好的面团，做成圆头尖尾的蝌蚪形状。

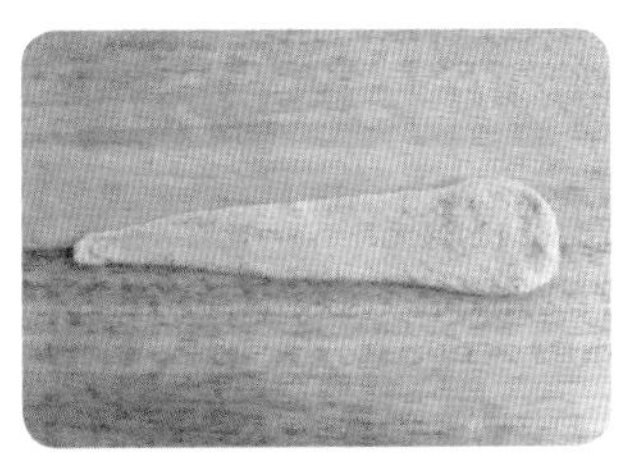

5 擀面团 用擀面杖轻轻地将整好形状的面团展平。

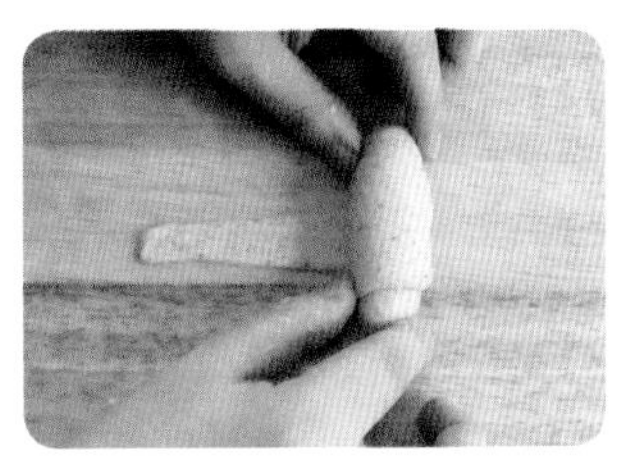

6 卷面团 将面团从较宽的一边开始向另一边卷起，卷好的面团看起来有些像虫蛹。

7 第二次发酵 将卷好的面团每 3 个连在一起，放在烤盘里，覆盖上塑料膜，放置在 30℃的温度下，发酵 100 分钟左右。

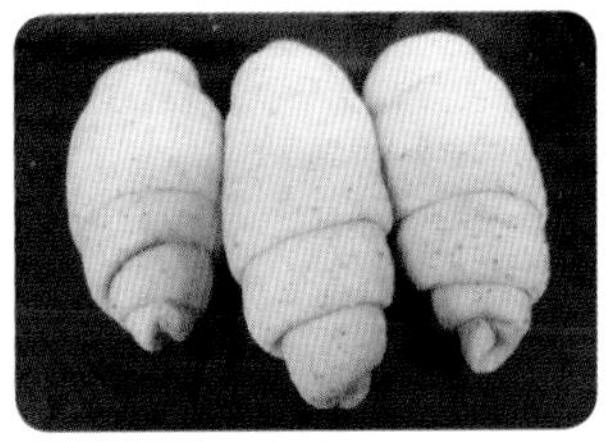

8 入烤箱烘烤 在发酵完的面团上用毛笔均匀地涂抹鸡蛋液，然后放进 200℃预热的烤箱中，烘烤 10 分钟左右。

烘焙笔记

红曲是在大米中加入红曲菌后发酵而成的，在日本、中国、台湾等国家及地区以加入了红曲制成的红豆腐、红酒等食物中闻名。红曲有净化血液、帮助消化、降低胆固醇等功效。

三色果仁面包

☆☆☆ 190℃ _ 30 分钟

将一个个小圆面团放在漂亮的纸质烤模中，
烤出小巧可爱的蛋糕形状的面包。
营养满分的黑芝麻、南瓜子和葵花籽组成三种颜色，
看起来就让人食欲大开。

材料 1个的量

有机高筋粉 250g
原种 100g
盐 5g
枫糖 10g
黄油 10g
水 140ml
南瓜子、葵花籽、黑芝麻各 50g

推荐的天然发酵种

橘子种

糙米种

葡萄干种

1 制作面团进行第一次发酵 参考50页基本面团的制作方法，按食谱中标明的材料的分量，将除了南瓜子、葵花籽、黑芝麻以外的所有材料搅拌均匀，制作出面团，然后进行第一次发酵。

2 醒面团 将经过第一次发酵后的面团平均分成8份，分别揉成圆球状，然后盖上塑料膜，醒20~30分钟。

3 裹上南瓜子、葵花籽、黑芝麻 用手一个个地抓着醒好的面团，底部沾一些水后，分别沾上南瓜子、葵花籽、黑芝麻当中的一种。

4 将面团放入纸模 将黑芝麻、葵花籽、南瓜子面团整齐排列在纸质烤模中，尽量让不同种类的面团彼此不重叠。

5 第二次发酵 用塑料膜覆盖住纸质烤模中的面团，放置于30℃的温度下发酵90~120分钟左右。

6 入烤箱烘烤 将经过第二次发酵的纸质烤模内的面团，放进190℃预热的烤箱内，烘烤大约20~30分钟。

烘焙笔记

由枫树的汁液浓缩制成的枫糖，不仅有着不逊于砂糖的甜美味道，还含有维生素和矿物质等，有助于天然发酵面包的发酵。加入枫糖，也可以让面包的香气与味道都得到提升。

黑米面包 ☆☆☆ ⏳ 180℃ _ 25 分钟

用富含花青素、抗氧化效果卓越的黑米制成的健康面包。
在面团中加入煮熟的黑米饭，不仅能有一定粘度的口感，
还饱含黑米本身的香气，让人食指大动。

材料 1个的量

有机高筋粉 250g
原种 120g
盐 5g
有机砂糖 10g
黄油 10g
水 140ml
黑米饭 3 大勺

推荐的天然发酵种

大米种

葡萄干种

无花果种

1 **制作面团** 在过筛后的高筋粉中，加入原种、盐、糖和水，搅拌均匀后放入黄油，揉搓面团使其光滑平整。

2 **混合黑米饭** 在平整的面团上放上黑米饭，一边揉面一边混合均匀。

3 **第一次发酵** 将揉好的面团捏成圆球状，覆盖上塑料膜，然后放置在27℃的温度下，发酵3个小时左右。

4 **醒面团** 将经过第一次发酵的面团平均分成两份，揉搓使其表面平整后，再盖上塑料膜，醒20~30分钟。

5 **面团整形** 用擀面杖将整好形状的面团展平后，再用手滚动面团，使其卷成长长的椭圆形。

6 **第二次发酵** 将做好造型的两个面团并排粘合在一起，放在烤盘里，覆盖上塑料膜，放置在30℃的温度下，发酵100分钟左右。

7 **制造蒸汽效果** 在烤盘上排满石头，放在烤箱的最下面一格，将烤箱预热到220℃烤热石头，然后在石头上淋80ml左右的水，制造出蒸汽效果。

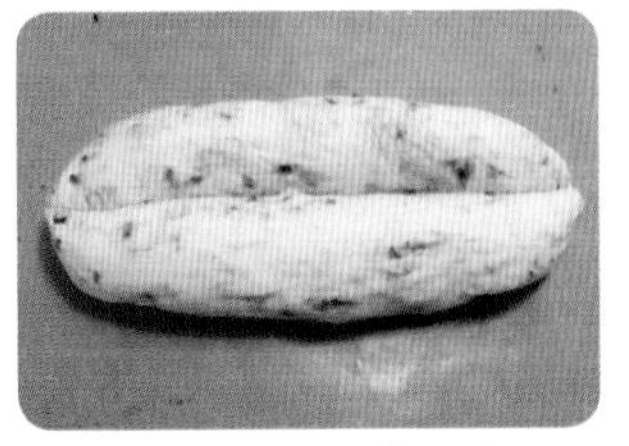

8 **入烤箱烘烤** 将盛有面团的烤盘放在发热的石头的上层，在有蒸汽升腾的状态下烘烤10分钟左右。当面团出现颜色变化时，将烤箱温度降低至180℃，再烤20~25分钟。

烘焙笔记

将要放进发酵面包里的黑米用水浸泡1天左右的时间，充分膨胀后，加入米的四五倍量的水，煮成黑米饭。煮20~30分钟，黑米变软后，关火并晾干一部分水汽，然后倒入橄榄油用小火稍微翻炒，就可以放进面团里了。

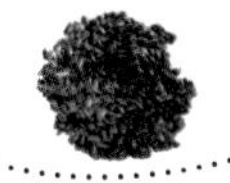

发芽糙米面包 ☆☆☆ 200℃ _ 20 分钟

加入了发芽糙米烤出的充满营养的 well-being 面包。
发芽糙米含有丰富的维生素 B 族、矿物质、膳食纤维等，
被公认为最好的健康食品。
内部充满了糙米米粒的面包，咬起来口感很是独特。

材料 2个的量

有机高筋粉 250g
原种 120g
盐 5g
有机砂糖 12g
橄榄油 2 小勺
水 130ml
发芽糙米 3 大勺

推荐的天然发酵种

酒曲种

糙米种

苹果种

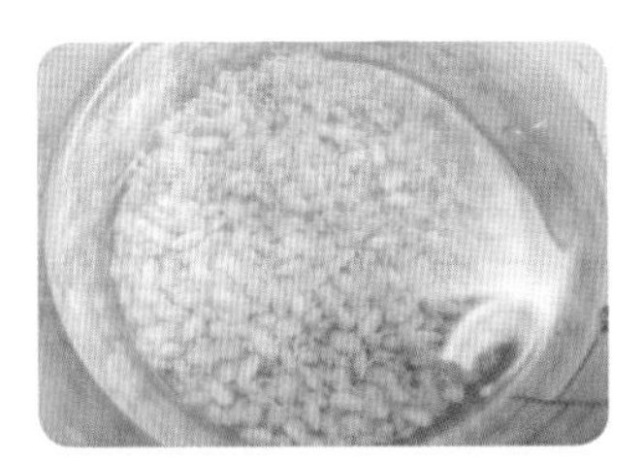

1 **煮糙米饭** 将发芽糙米洗净后放在水中浸泡，然后倒入锅中，加入 2 倍量以上的水，中火煮 10 分钟。关火后再焖 10 分钟，然后倒在竹篮等物上，晾凉并去掉水分。

2 **制作面团** 在过筛后的高筋粉中，加入原种、盐、糖、水和橄榄油，搅拌均匀后揉搓面团直到面团平整。最后加入煮好的糙米饭，继续糅合均匀。

3 **第一次发酵** 将面团揉成圆球状放入碗中，覆盖上塑料膜，然后放置在 27℃的温度下，发酵 3 个小时左右。

4 **醒面团** 将经过第一次发酵的面团按照 4:1 的比例分成两份，分别揉圆后再醒 30 分钟。

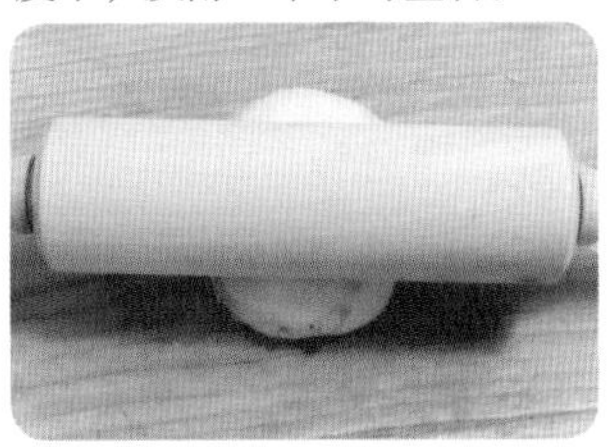

5 **擀平面团** 用擀面杖将醒好的两个面团，分别擀成 1.5cm 厚的扁平圆片。

6 **固定面团** 将小面团平放在大面团上，然后用手指用力按压中心位置，使两片面团固定黏住。

7 **整形** 用金属刮刀沿着固定好的面团的边缘绕着圈划出刀口进行造型。

8 **第二次发酵后入烤箱烘烤** 将做好造型的面团覆盖上塑料膜，放置在 30℃的温度下，发酵 100 分钟左右，然后放入 200℃预热的烤箱中，烘烤 20 分钟左右。

烘焙笔记

如果觉得制作发芽糙米饭的过程有些复杂的话，也可以用市面上销售的发芽糙米饭放进面团里。

荞麦核桃面包 ☆☆☆ 180℃ _ 30 分钟

荞麦中含有的芸香苷与核桃中所含的丰富的亚麻酸、维生素有着强健血管的作用，能够预防各种血管类疾病。
将荞麦粉混合进面团中，使面团变得粘稠，
再加入核桃，给面包带来喷香的味道。

材料 2个的量

有机高筋粉 250g
荞麦粉 45g
原种 110g
盐 6g
有机砂糖 11g
牛奶 3 小勺
黄油 12g
水 145ml
核桃 80g

推荐的天然发酵种

面粉种

无花果种

葡萄干种

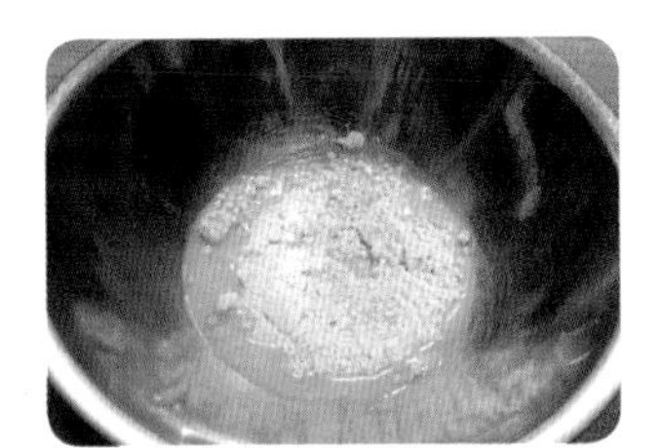

1 **制作荞麦面团** 在荞麦粉中加入 25ml 的水，搅拌至产生黏性为止。

2 **冷藏发酵** 将荞麦面团揉搓成平整的圆球状，装进塑料袋中，放在冰箱里醒 1 天左右。

3 **制作面团** 在过筛后的高筋粉中，加入原种、盐、糖、牛奶和 120ml 的水，搅拌均匀后放入黄油，揉搓面团直到表面平整。

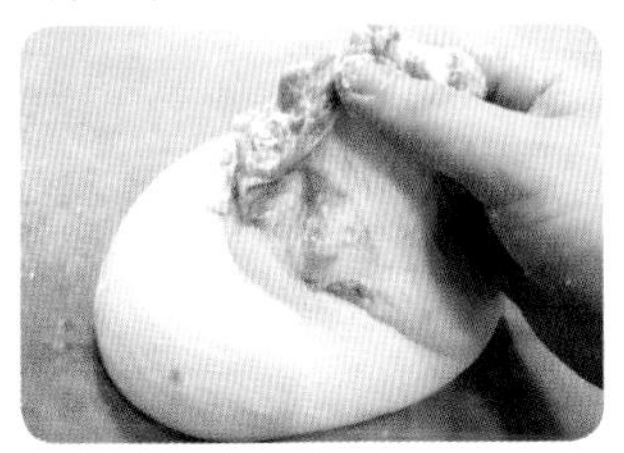

4 **混合荞麦面团** 将准备好的荞麦面团贴在第三步中做好的基本面团上，用手揉搓面团，使两部分面团混合均匀。

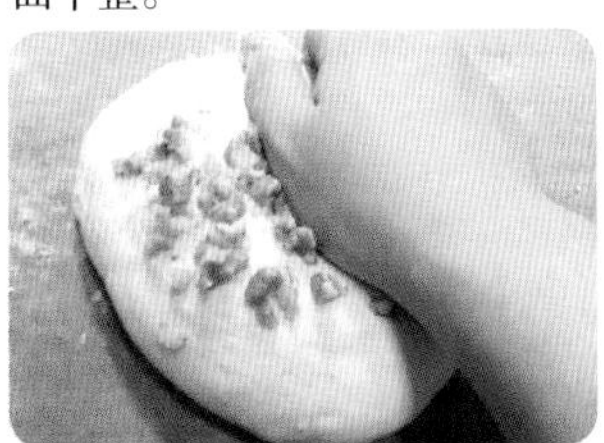

5 **加入核桃进行第一次发酵** 在第四步做好的面团中加入核桃，揉动面团以使面团和核桃混合均匀，然后覆盖上塑料膜，放置在 27℃的温度下，发酵 2 个小时左右。

6 **揉圆面团进行第二次发酵** 将第一次发酵后的面团分成两半，分别揉圆后放在烤盘上，覆盖上塑料膜，然后放置在 30℃的温度下，发酵 90~120 分钟。

7 **制造蒸汽效果** 在烤盘上排满石头，放在烤箱的最下面一格，将烤箱预热到 220℃烤热石头，然后在石头上淋 80ml 左右的水，制造出蒸汽效果。

8 **入烤箱烘烤** 将盛有面团的烤盘放在发热的石头的上层，在有蒸汽升腾的状态下烘烤 10 分钟左右。当面团出现颜色变化时，将烤箱温度降低至 180℃，再烤 25~30 分钟。

烘焙笔记

荞麦面包、黑麦面包、全麦面包等谷物类面包，如果谷物的颗粒比较粗糙的话，制作出来的面包的口感也会有所降低。此时可以将谷物粉和水以 1∶1 的比例，先做成混合物，冷藏发酵 1 天后，再放入面包的面团里，这样口感就可以柔和很多了。

摩洛哥芝麻面包 ☆☆☆ 200℃ _ 10 分钟

摩洛哥人早餐时喜欢与红茶一起享用的独特的圆面包。
因为加入了有着天然防腐效果的茴香，
面包放上一段时间再吃也没问题。
用天然发酵种制成的摩洛哥芝麻面包，新鲜的味道能够维持更久。

材料 15个的量

有机高筋粉 250g
原种 130g
盐 5g
有机砂糖 25g
鸡蛋 1/2 个
水 120~130ml
黄油 35g
茴香 1 小勺
芝麻 1 小勺
鸡蛋液少许
（鸡蛋 1/2 个，牛奶 50ml）
芝麻少许

推荐的天然发酵种

苹果种

大米种

橘子种

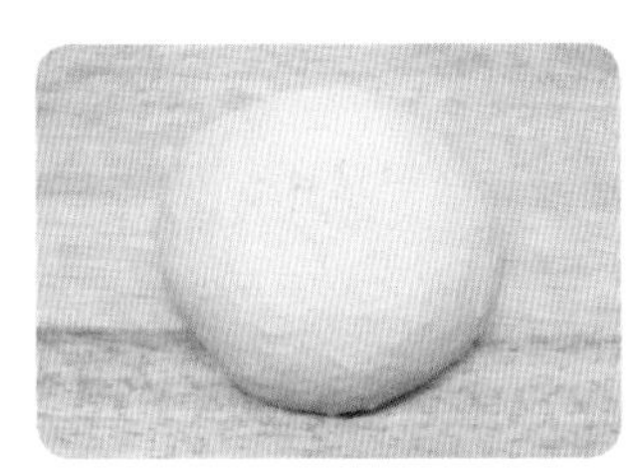

1 **制作面团** 在过筛后的高筋粉中加入原种、盐、糖、鸡蛋和水，搅拌均匀后放入黄油，揉搓面团使其表面变得平整。

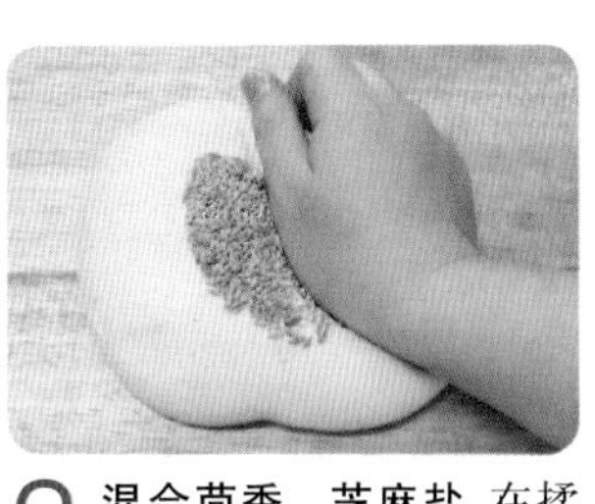

2 **混合茴香、芝麻盐** 在揉好的面团中加上茴香和芝麻，继续揉动面团使其混合均匀。

3 **第一次发酵** 将揉好的面团整理得表面平整，覆盖上塑料膜，然后放置在 27℃的温度下，发酵 2~3 个小时。

4 **分割面团然后醒面团** 将经过第一次发酵的面团平均分成每份 30g 的小面团，分别揉圆后，再盖上塑料膜，醒 20~30 分钟。

5 **第二次发酵** 将面团摆在烤盘里，覆盖上塑料膜，并放置在 30℃的温度下，发酵 90~120 分钟，直到面团的体积膨胀到原来的两倍大。

6 **入烤箱烘烤** 用毛笔在发酵完成的面团上均匀涂抹鸡蛋液，然后撒上芝麻，放入 200℃预热的烤箱中，烘烤 10 分钟左右。

烘焙笔记

将摩洛哥芝麻面包装在密闭容器中保管的话，超过一个星期以上也不会变质，可以放置一段时间之后继续食用。

孜然面包

180℃ _ 30 分钟

孜然是中东料理中必不可少的香料，浓烈的香味是它的特征。
在印度，咖喱和烧烤料理中也经常用到孜然，
加入了香味浓烈的孜然烤出的面包，
有着深邃的香气，很能刺激人的食欲。

材料 2个的量

有机高筋粉 250g
盐 5g
孜然 5 小勺
原种 100g
橄榄油 1 大勺
水 140ml

推荐的天然发酵种

面粉种

葡萄干种

橘子种

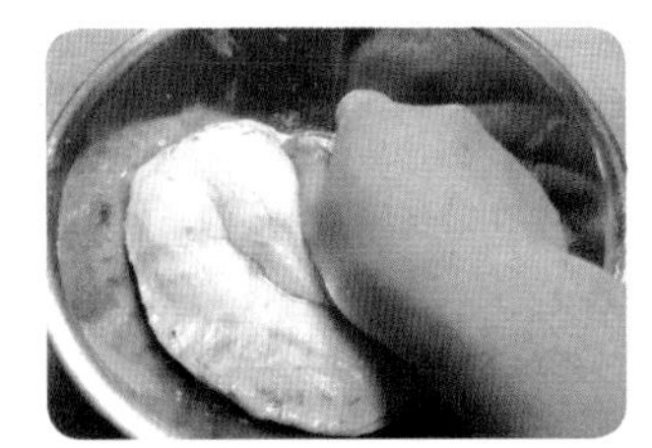

1 **制作面团** 在过筛后的高筋粉中，加入原种、盐、孜然和水，搅拌均匀后放入橄榄油，揉搓面团使其表面变得平整。

2 **第一次发酵** 将揉好的面团揉圆，覆盖上塑料膜，然后放置在 27℃的温度下 2~3 个小时，进行第一次发酵。

3 **分割面团然后醒面团** 将经过第一次发酵的面团平均分成两半，分别揉圆后，再盖上塑料膜，在室温下醒 20 分钟左右。

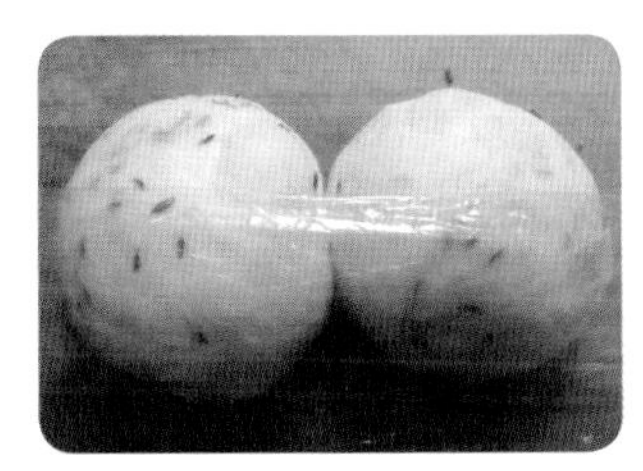

4 **第二次发酵** 将醒好的面团放置在 27℃的温度下 90~120 分钟，进行第二次发酵。

5 **撒上面粉** 在经过了第二次发酵的面团上，用喷雾器均匀喷水，然后撒上面粉。

6 **划出刀口** 在撒过面粉的面团上面，用面包割口刀划出十字形的纹路。

7 **制造蒸汽效果** 在烤盘上排满石头，放在烤箱的最下面一格，将烤箱预热到 220℃烤热石头，然后在石头上淋 80ml 左右的水，制造出蒸汽效果。

8 **入烤箱烘烤** 将盛有面团的烤盘放在发热的石头的上层，在有蒸汽升腾的状态下烘烤 10 分钟左右。当面团出现颜色变化时，将烤箱温度降低至 180℃，再烤 25~30 分钟。

烘焙笔记

如果加入的孜然过多，会因为香料本身的抗菌成分而使得发酵无法完成，请注意孜然的用量。

黑麦面包 ☆☆☆ 180℃ _ 40 分钟

黑麦面包含有丰富的膳食纤维和维生素、矿物质，
比起一般的面包来，卡路里也更低，是人气很高的健康面包。
还可以将黑麦面包切成薄片，夹上新鲜的蔬菜，制成三明治享用。

材料 3个的量

有机高筋粉 200g
黑麦粉 100g
原种 150g
盐 7g
有机砂糖 10g
水 140ml

推荐的天然发酵种

酸奶种

面粉种

葡萄干种

1 **制作面团进行第一次发酵** 参考 50 页基本面团的制作方法，按食谱中标明的材料的分量制作出面团，然后进行第一次发酵。

2 **醒面团** 将经过第一次发酵后的面团平均分成三份，分别揉成圆球状，然后盖上塑料膜，醒 30 分钟左右。

3 **整形** 用擀面杖将面团擀成扁平的片状，然后上下向中间折成 3 折，成为椭圆形。

4 **第二次发酵** 将面团放在烤盘上，用塑料膜覆盖，放在 30℃的温度下 100 分钟，进行第二次发酵。

5 **撒上面粉** 在经过了第二次发酵的面团上，用喷雾器均匀喷水，然后撒上面粉。

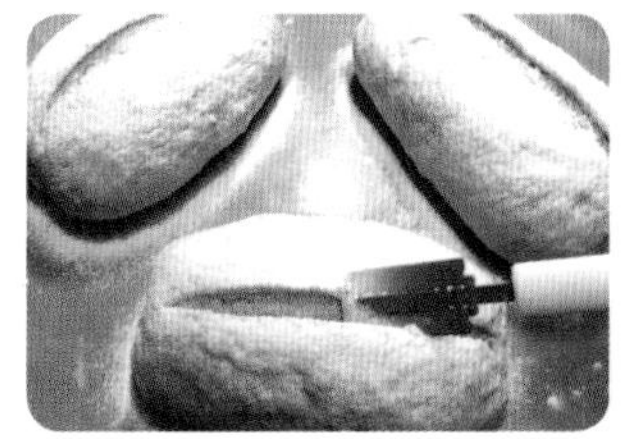

6 **划出刀口** 在撒过面粉的面团上面，用面包割口刀划出一字形的纹路。

7 **制造蒸汽效果** 在烤盘上排满石头，放在烤箱的最下面一格，将烤箱预热到 220℃烤热石头。然后在石头上淋 80ml 左右的水，制造出蒸汽效果。

8 **入烤箱烘烤** 将盛有面团的烤盘放在发热的石头的上层，在有蒸汽升腾的状态下烘烤 10 分钟左右。当面团出现颜色变化时，将烤箱温度降低至 180℃，再烤 30~40 分钟。

烘焙笔记

如果想要更加突显黑麦的味道而加入了过量的黑麦，则面团有可能出现不能顺利膨胀的状况。因此还是要控制合适的量。面粉与黑麦粉之间，通常最合适的比例是2:1。

五谷杂粮面包 ☆☆☆ ⌛ 180℃ _ 40 分钟

黄豆、黑麦、全麦、燕麦、大麦等各种各样的五谷杂粮面包，
被看作是最具代表性的健康面包。
丰富的维生素、矿物质和膳食纤维，
给你带来像是吃了一碗五谷饭一样的饱足感。

材料 1个的量

有机高筋粉 240g
五谷杂粮粉 60g
碎核桃 60g
原种 150g
盐 2g
有机砂糖 15g
水 160ml
黄油 10g
葡萄干 40g

推荐的天然发酵种

葡萄干种

苹果种

柿子种

1 **制作面团** 在过筛后的高筋粉中，加入五谷杂粮粉、原种、盐和水，搅拌均匀后放入黄油，揉搓面团使其混合均匀。最后加入核桃、葡萄干，继续揉捏面团，混合均匀。

2 **第一次发酵** 将揉好的面团覆盖上塑料膜，然后放置在27℃的温度下3~4个小时，进行第一次发酵。发酵完成后整理面团的外形，再盖上塑料膜，在室温下醒25分钟左右。

3 **整形** 用擀面杖将面团擀平，再用手将扁平的面团卷起来，做成椭圆形。然后将面团放入已经撒过五谷杂粮粉和黑麦粉的发酵篮里，使面团的底部朝上。

4 **第二次发酵** 将放在发酵篮里的面团用塑料膜包裹住，放置在30℃的温度下发酵90~120分钟，直到面团的体积膨胀为之前的两倍。

5 **制造蒸汽效果** 在烤盘上排满石头，放在烤箱的最下面一格，将烤箱预热到220℃烤热石头。然后在石头上淋80ml左右的水，制造出蒸汽效果。

6 **入烤箱烘烤** 将面团移到烤盘上，用面包割口刀划出刀口，然后将盛有面团的烤盘放在发热的石头的上层，在有蒸汽升腾的状态下烘烤10分钟左右。当面团出现颜色变化时，将烤箱温度降低至180℃，再烤30~40分钟。

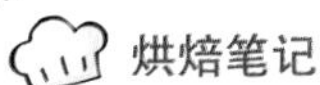

烘焙笔记

五谷杂粮粉或者其他粗粮粉末内通常掺有盐，做出来的面包已经带有咸味，因此在使用五谷杂粮粉的时候，需要少放、甚至不放盐，这样面包才不会太咸。

黑麦酸种面包

☆☆☆ 180℃ _ 40 分钟

黑麦酸种面包是德式黑麦面包的一种，
有着较浓的酸味，适合用来制作三明治。
黑麦酸种是制作黑麦面包时必不可少的材料，
它能够让黑麦的味道更加浓厚，口感更柔软。

材料 1个的量

黑麦粉 80g
水 25ml

第一份面团
有机高筋粉 100g
原种 50g
盐 2g
水 45ml

第二份面团
有机高筋粉 170g
原种 110g
黑麦酸种 25g
盐 6g
水 100ml
橄榄油 5g
麦芽粉 1g

推荐的天然发酵种

黑麦酸种

面粉种

葡萄干种

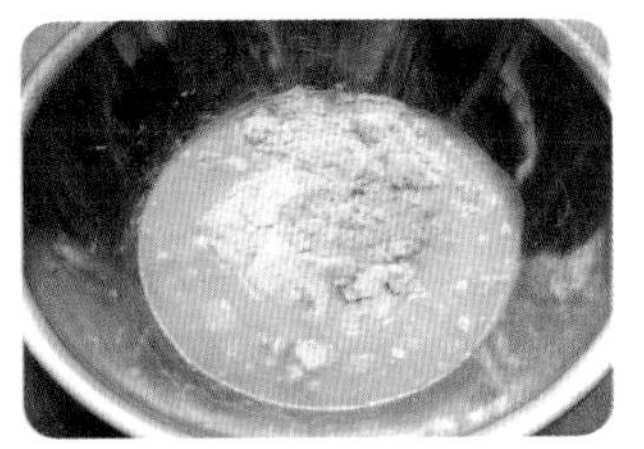

1 **混合黑麦粉和水** 将黑麦粉和 25ml 的水搅拌均匀，盛放在密闭容器内，放进冰箱冷藏发酵 1 天左右的时间。

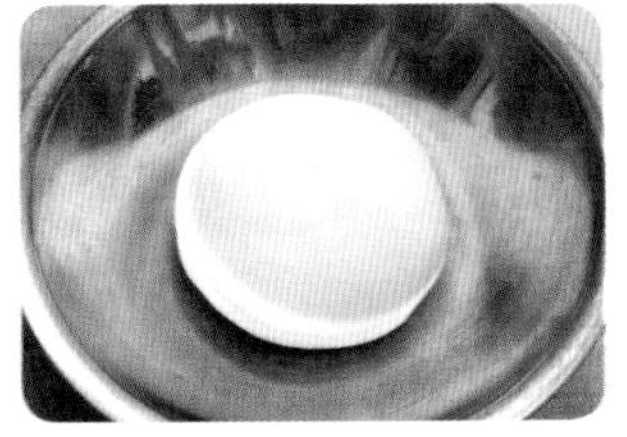

2 **制作第一份面团** 将制作第一份面团的所有材料混合后，揉成平整的圆形，然后放在室温下醒一天。

3 **制作第二份面团** 将第一步中混合好的黑麦粉糊与制作第二份面团的材料混合，然后分次撕扯一些第一份面团加入其中，并不断揉匀面团。

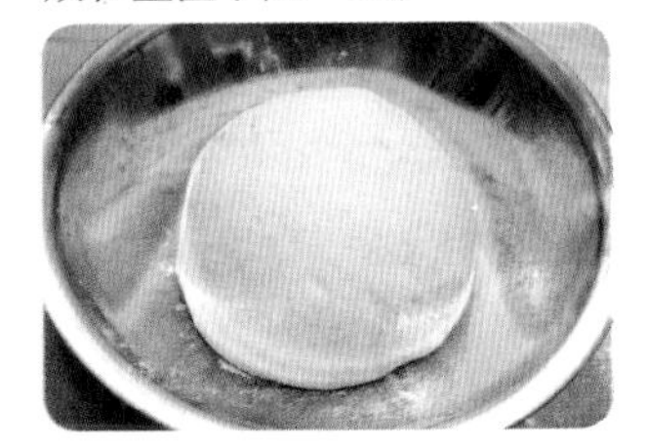

4 **第一次发酵** 将揉好的面团整理成平滑的圆球状，放在碗里，用塑料膜覆盖住，然后放在 28℃的温度下发酵 90~120 分钟。

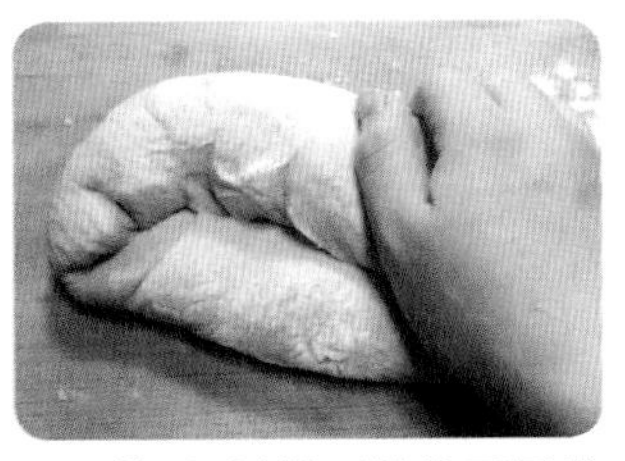

5 **整形** 用擀面杖将面团擀平，然后折起来，使面团成为椭圆形。折叠的开口朝下，放进撒过黑麦粉的发酵篮中。

6 **第二次发酵** 在装入发酵篮中的面团上覆盖塑料膜，然后放在 27℃的温度下发酵 90~120 分钟。

7 **制造蒸汽效果** 在烤盘上排满石头，放在烤箱的最下面一格，将烤箱预热到 220℃烤热石头。然后在石头上淋 80ml 左右的水，制造出蒸汽效果。

8 **入烤箱烘烤** 将面团移到烤盘上，用面包割口刀划出长直的刀口，然后将盛有面团的烤盘放在发热的石头的上层，在有蒸汽升腾的状态下烘烤 10 分钟左右。当面团出现颜色变化时，将烤箱温度降低至 180℃，再烤 30~40 分钟。

烘焙笔记

制作黑麦酸种面包的时候，最好使用提前熟成好的面团。如果只是凭借黑麦酸种来发酵的话，发酵能力较弱，同时面团的酸味也会更强，熟成的面团则能够补充、完善这部分问题。

啤酒面包

☆☆☆ 180℃ _ 30 分钟

用啤酒和啤酒种一起制作出的这款啤酒面包，
洋溢着深厚浓郁的香味。
给啤酒带来苦味的啤酒花虽然能防止杂菌的滋生，
但同时也会妨碍发酵，因此需要先将啤酒煮熟后再使用。

材料 2个的量

有机高筋粉 250g
啤酒原种 120g
煮熟的啤酒 70ml
盐 5g
有机砂糖 10g
水 60ml
黄油 10g

推荐的天然发酵种

啤酒种

面粉种

葡萄干种

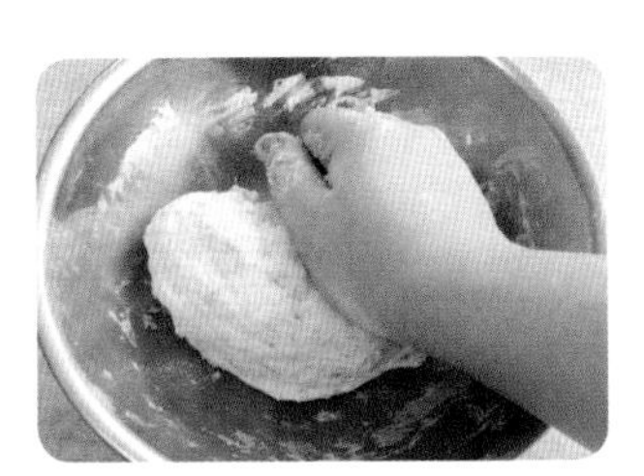

1 **制作面团** 将除黄油外的其他材料全部混合均匀，然后放入黄油，揉搓面团使其表面变得平整。

2 **第一次发酵** 将揉好的面团覆盖上塑料膜，然后放置在 23~25℃的温度下发酵 17 个小时左右。

3 **醒面团** 将经过第一次发酵的面团平均分成两半，分别揉圆后，再盖上塑料膜，在室温下醒 20~30 分钟。

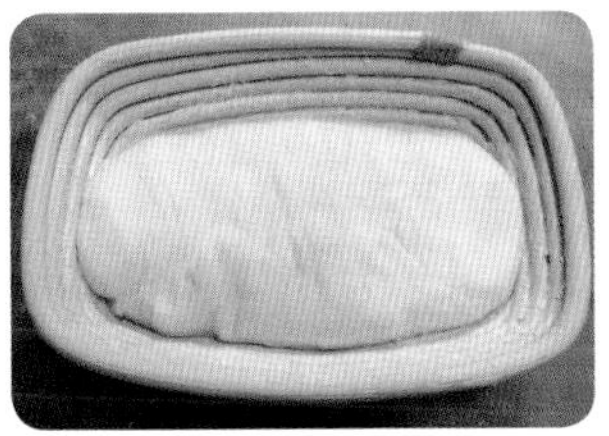

4 **将面团放进发酵篮** 用擀面杖将面团擀成长椭圆形，放进撒过黑麦面粉的发酵篮里，让原本面团的底部朝上。

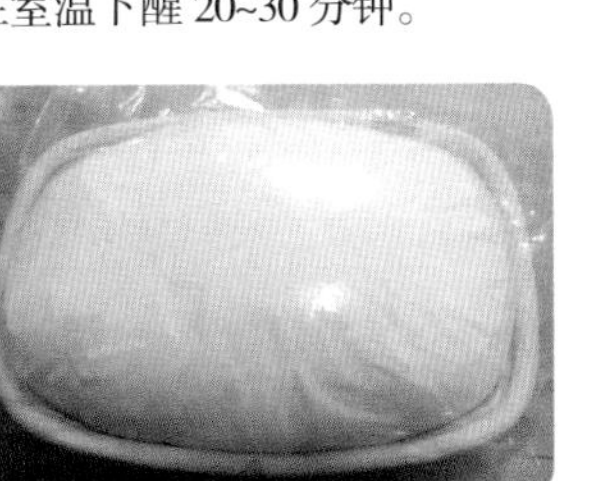

5 **第二次发酵** 在发酵篮的外面包裹一层塑料膜，放置在 27℃的温度下 90~120 分钟，进行第二次发酵。

6 **划出刀口** 将发酵完的面团移到烤盘上，用面包割口刀划出斜线的纹路。

7 **制造蒸汽效果** 在烤盘上排满石头，放在烤箱的最下面一格，将烤箱预热到 220℃烤热石头。然后在石头上淋 80ml 左右的水，制造出蒸汽效果。

8 **入烤箱烘烤** 将盛有面团的烤盘放在发热的石头的上层，在有蒸汽升腾的状态下烘烤 10 分钟左右。当面团出现颜色变化时，将烤箱温度降低至 180℃，再烤 20~30 分钟。

烘焙笔记

制作啤酒面包的时候，加入的啤酒种类不同，味道也会有所差别。普通啤酒、黑啤、精酿啤酒等各自的特色，都会呈现在面包上。

世界各地的天然发酵面包

使用黑麦酸种制成的充满麦香的德国黑麦面包（Vollkornbrot）、用水果种制成的充满水果香气的法国酵母面包（Pain au levain）、以米酒种制成的日式红豆面包等，每个国家都有自己独特并且充满个性的天然发酵面包。接下来就让我们一起去了解世界各国独特的天然发酵面包。

法国

天然发酵面包的法语是 Pain au levain，其中 levain 即天然酵母的意思。法国面包以法棍面包、乡村面包等口味清淡的面包闻名，在制作法棍面包与乡村面包时，大多使用白面粉酸种和黑麦酸种为主，其他一般的天然发酵面包则主要用水果类的天然发酵种进行制作。

德国

有着“健康面包的故乡”之称的德国，黑麦比稻米更容易生长，因此主要的面包都是用黑麦做的、颜色发黑又有一定重量感的面包。如果面团中加入的黑麦粉过多，面包烘培的难度就会增加，于是能改善此缺点的黑麦酸种在德国被普遍使用。加了黑麦酸种的德国面包，其特点在于带有微微的酸味和清香口感，同时也可以长久保存。

埃及

身为发酵面包始祖的埃及，在公元前 4000 年就已经开始制作发酵面包了。现在埃及人仍继承着悠久的传统，在扁平面团中加入天然发酵种，并以石头堆成的烤炉进行烘烤。被称为古埃及发酵面包的中东大饼，其外形近似中东皮塔饼，随制作面团材料的不同而有许多种类。制作埃及面包时，主要使用由粗磨的全麦制成的天然发酵种。

美国

在美国，人们从欧洲移居到新大陆时，所传播的各种酸种被广泛使用，其中又以旧金山酸种和阿拉斯加酸种最为出名。旧金山酸面包口味清淡，而微酸的后味是它的主要特征。每家店铺都有自家独特的酸种，而位于加州的一间面包店至今仍然使用着刚开店时所使用的、历史超过一百年的酸种。

日本

1875 年，东京的一家面包店成功将米发酵，提取到酵母，也就是有名的酒种法。至此开始，日本不再沿用西方的发酵方式，而开始发展出自己独特的发酵方法。现在，日本各地的天然发酵面包人气居高不下，制作简单的水果类发酵种成为了主流。据悉，近年来日本正在开发使用自己的特产物制作的各种不同的天然发酵种。

意大利

从清淡的夏巴塔面包到圣诞时的托尼甜面包，意大利面包的种类相当多元。意大利语的天然发酵种称为 Lievito naturale。其中面粉酸种主要使用在托尼甜面包等甜味面包，以及像夏巴塔面包或佛卡夏面包等水分少、气孔大的面包上。

Part 5

制作容易的简便面包

美式薄煎饼、恰巴提、平底锅面包、
黑芝麻饼干、阿拉棒、梳打饼干

美式薄煎饼 ☆☆☆ ⌛ 10分钟

容易消化、口感柔软、制作方便的美式薄煎饼最适合用来当作早餐。
几张煎饼层层叠起来，淋上糖浆，点缀上水果，
更是色香味俱全。

材料 5~7张的量

有机高筋粉 150g
原种 150g
盐 3g
有机砂糖 20g
鸡蛋 1 个
水 100ml

推荐的天然发酵种

面粉种

大米种

草莓种

1 **面粉过筛** 用网筛将面粉筛得更细，做好准备。

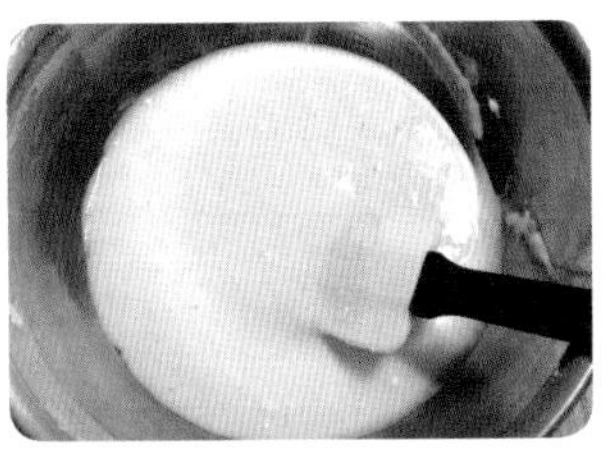

2 **制作面糊** 在过筛后的面粉中加入原种、盐、砂糖、鸡蛋、水，用橡皮刮刀搅拌均匀。

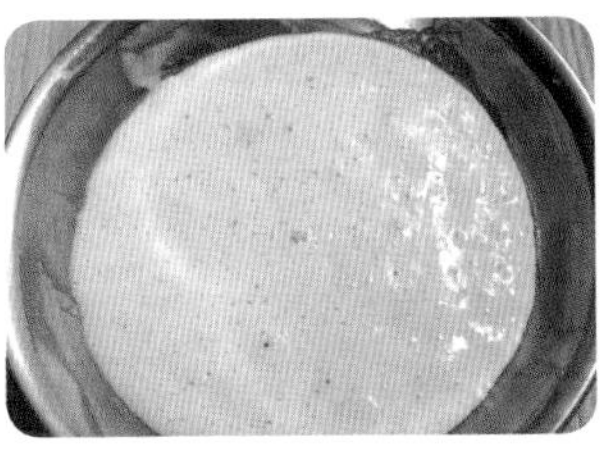

3 **发酵** 在面糊上覆盖塑料膜，放置在27℃的温度下发酵2~3小时左右，直到面糊的体积膨胀为原来的两倍。

4 **把锅烧热后放油** 在烧热的锅中倒入少许食用油，转动锅体使油分布均匀。

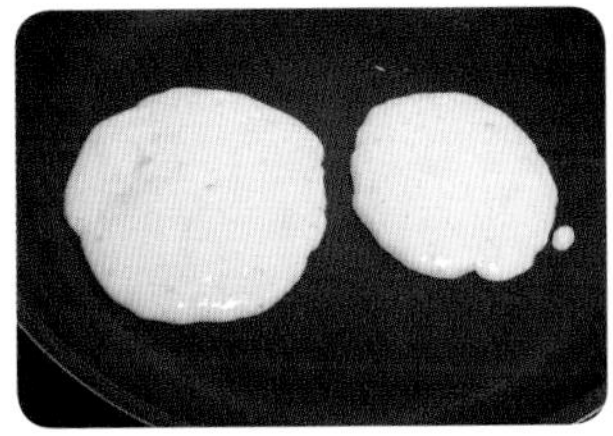

5 **煎烤美式薄煎饼** 舀一勺发酵好的面糊，倒入平底锅里，使其呈圆形。

6 **翻面煎熟** 等到饼的上面全部产生气泡时，翻转煎饼，烤熟另一面。

烘焙笔记

美式薄煎饼的面糊只有在平底锅里加热到一定程度后再翻转，才能煎烤出光滑平整的表面。当煎饼顶面的气泡均匀生成的时候，翻过来煎另一面即可。翻转之后的那一面煎熟的速度比正面更快，因此不要煎太久以致烤焦。

Plus Baking

比利时华夫饼

材料　高筋粉 150g、低筋粉 50g、原种 80g、牛奶 100ml、水 40ml、盐 3g、蜂蜜 3 大勺、鸡蛋 2 颗

1 将粉类材料全部过筛后装到碗里，混合均匀。
2 将鸡蛋打散，加入原种、牛奶、水、盐、蜂蜜，搅拌均匀。
3 将过筛后的粉类材料加入到第二步的混合物里，搅拌均匀后，制成华夫饼面糊。
4 在面糊上覆盖塑料膜，放置在27℃的温度下发酵2~3个小时。
5 在华夫饼的烤盘上涂抹一层薄薄的黄油，然后舀一勺发酵好的面团，倒在烤盘上进行烘烤。
6 将烤好的比利时华夫饼装在盘子里，在上面淋上糖浆。

恰巴提 ☆☆☆ 15 分钟

巴基斯坦人的主食恰巴提，是由全麦粉制成的扁平的印度式烤饼。恰巴提的外形和馕相似，通常蘸着咖喱或者搭配其他各种各样的料理一起食用。

材料 5张的量

有机全麦粉 150g
有机高筋粉 150g
原种 120g
盐 6g
水 150ml
橄榄油 2 大勺

推荐的天然发酵种

面粉种

黑麦种

香草种

1 **制作面团** 在过筛后的全麦粉和高筋粉中，加入原种、盐、水，搅拌均匀，制成面团。

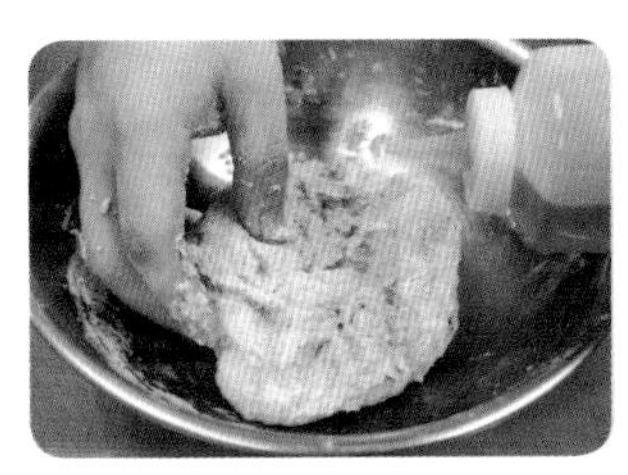

2 **加入橄榄油然后揉面** 在面团中加入橄榄油，不断揉搓直到面团变得平整。

3 **发酵** 将面团放进碗里，覆盖上保鲜膜，放置在25~27℃的温度下发酵2小时左右，然后轻轻抬起面团，揉搓使气体排出，再重新发酵90分钟。

4 **熟成** 将发酵之后的面团整理平整后，揉成圆球状，放进冰箱里1天左右的时间，进行冷藏熟成。

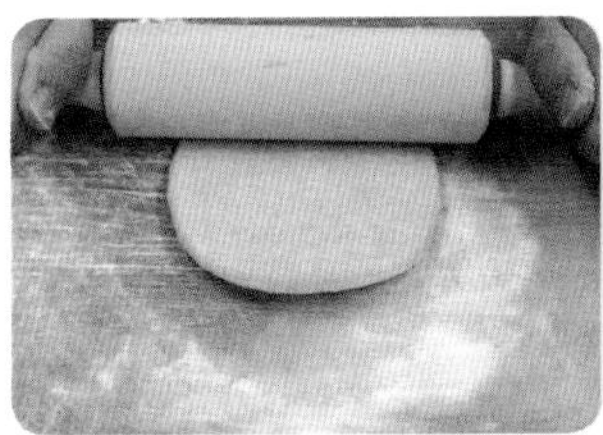

5 **擀平面团** 将熟成后的面团分为每份90~100g的小面团，分别揉圆后，用擀面杖将面团展成2mm厚的扁平圆形。

6 **用平底锅烘烤** 在加热后的平底锅上放上薄面团，用小火慢慢烘烤，让面团的上下两面均匀地烤熟。

烘焙笔记

制作恰巴提的时候，将全麦粉和高筋粉混合使用效果最好，也可以使用在进口食品商店里就能够买到的叫做 Atta 的恰巴提专用面粉。

平底锅面包 ☆☆☆ ⌛ 20分钟

在没有烤箱的情况下，只用平底锅也可以轻易烤出的简单面包。
用发酵种慢慢发酵后压成扁平的面团放在平底锅上慢慢烘烤，
一样能做出有嚼劲又柔软的面包。可以抹上果酱或者搭配浓汤一起食用。

材料 4~6个的量

有机高筋粉 250g
原种 125g
盐 5g
有机砂糖 10g
鸡蛋 1/2 个
水 125ml
黄油 7g

推荐的天然发酵种

胡萝卜·山药种

葡萄干种

苹果种

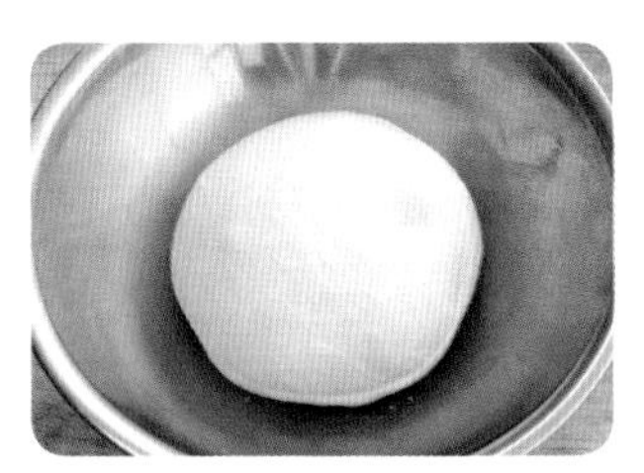

1 **制作面团进行第一次发酵** 在过筛后的高筋粉中加入原种、盐、砂糖、鸡蛋和水，搅拌均匀后，揉搓面团直到平整，然后覆盖上塑料膜，放置在 27℃的温度下进行发酵。

2 **醒面团** 将经过第一次发酵后的面团轻轻揉搓，排出气体，然后揉成平滑的圆球状，放在碗里覆盖上塑料膜，醒 20~30 分钟。

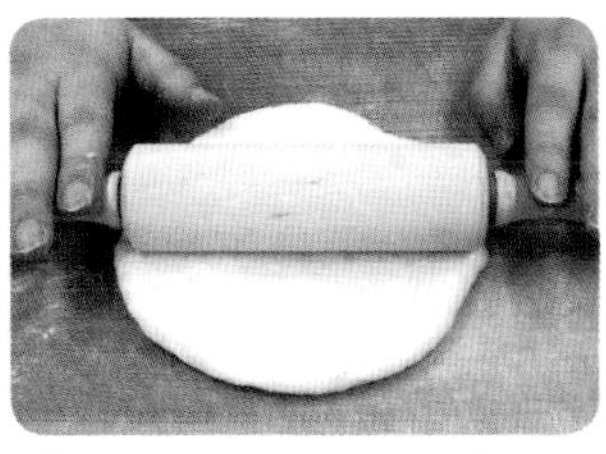

3 **擀面团** 用擀面杖将醒好的面团擀成扁平的圆形。

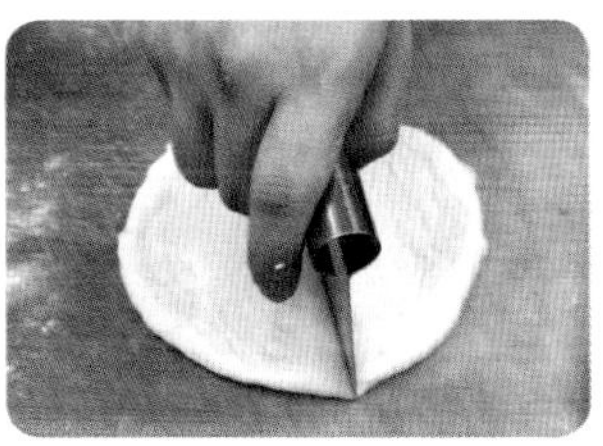

4 **切割面团** 将扁平的面团用金属刮刀分成 4~6 份。

5 **第二次发酵** 将切好的面团覆盖上塑料膜，放置在 30℃的温度下发酵 90~120 分钟，直到面团的体积膨胀为原来的两倍以上。

6 **用平底锅烘烤** 将面团放在稍微烤热的平底锅上，盖上锅盖，用小火烤 20 分钟，让面包的两面均匀烤熟。

烘焙笔记

在平底锅面包的面团中加入豆沙、卡仕达酱或者烧熟的蔬菜等，可以烤出更好吃的面包。

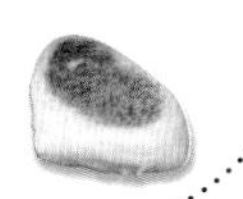

黑芝麻饼干 ☆☆☆ 180℃ _ 10 分钟

香脆可口的芝麻饼干，多亏了发酵种长时间的熟成，
自然发出的甜味，让饼干只加一点砂糖就很香甜。
最适合用来做芝麻饼干的发酵种是酸奶种。

材料 40个的量

有机高筋粉 250g
原种 100g
盐 5g
有机砂糖 5g
黑芝麻 25g
水 120ml
橄榄油 2 大勺

推荐的天然发酵种

酸奶种

糙米种

大米种

1 **制作面团** 将原种、盐、砂糖、芝麻和水加入到过筛后的高筋粉里，搅拌均匀后加入橄榄油揉成面团。

2 **发酵** 将面团放进碗中，覆盖上塑料膜，放在 27℃ 的温度下发酵 2~3 小时。

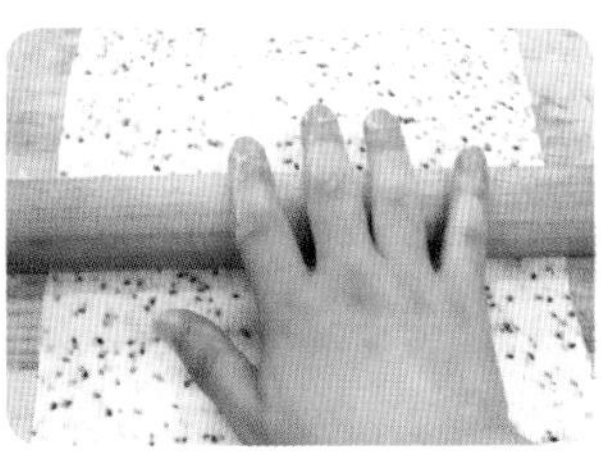

3 **擀面团** 将发酵后的面团放在撒过面粉的案板上，用擀面杖擀成 2mm 左右厚的扁平的方形。

4 **在面团上戳洞** 在擀得薄薄的面团上，用筷子按照一定的间隔，扎出孔洞。

5 **切割面团** 将扎出孔洞的面团切成 3cm × 4cm 左右的大小。

6 **入烤箱烘烤** 将面团放进 180℃ 预热的烤箱中烘烤 10 分钟左右，面团颜色有变化时即是完成了。

烘焙笔记

将黑芝麻饼干进行过第一次发酵之后，放入冰箱冷藏醒上 5 个小时的话，面团可以变得更容易擀薄、烘烤的时候香味也会更浓郁、口感也更酥脆。

阿拉棒

☆☆☆ 180℃ _ 15 分钟

阿拉棒是细长形的意大利面包，加入了迷迭香和橄榄油，
散发出隐隐约约的香草的味道。
咬下一口，会咔哧咔哧地碎裂，像饼干一样香脆好吃。

材料 15个的量

有机高筋粉 250g
原种 120g
盐 6g
有机砂糖 12g
水 130ml
橄榄油 2 大勺
迷迭香粉末 1 大勺

推荐的天然发酵种

香草种

松针种

面粉种

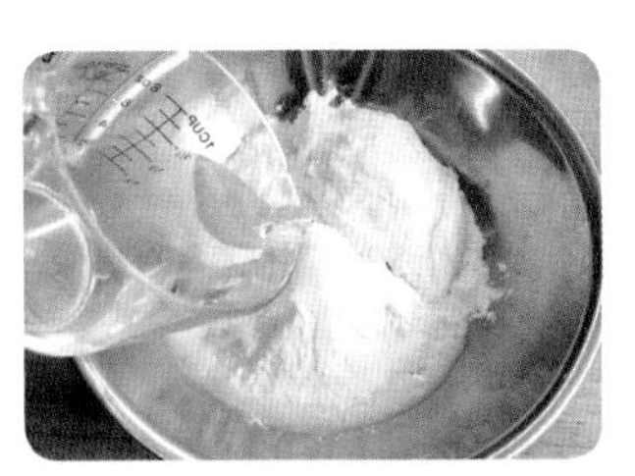

1 **制作面团** 将原种、盐、砂糖、水和迷迭香粉末加入到过筛后的高筋粉中，搅拌均匀。

2 **加入橄榄油** 将橄榄油加入到面团中，揉搓面团至表面平整。

3 **发酵** 将平滑的面团覆盖上塑料膜，放置在27℃的温度下发酵2~3小时。

4 **醒面团** 将第一次发酵后的面团平均分成每份30g，分别揉圆、整理平滑，然后覆盖上塑料膜醒上20~30分钟。

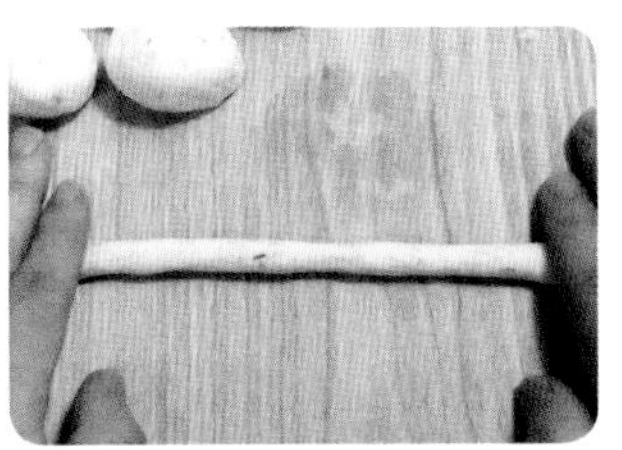

5 **整形** 将醒好的面团用手搓成30cm左右的细长条后，整齐摆放在烤盘里。

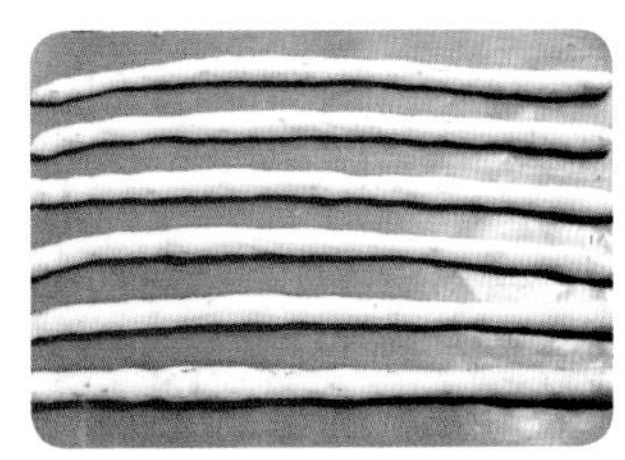

6 **入烤箱烘烤** 将整好形的面团放入180℃的烤箱中，烘烤10~15分钟。

烘焙笔记

阿拉棒当中加入的香草，也可以按照个人喜好选择紫罗兰、罗勒或者薄荷等。如果发酵种也换成香草种的话，面包的风味会更浓厚。

梳打饼干 ☆☆☆ 170℃ _ 15 分钟

酥脆的梳打饼干适合用苹果种来制作。
如果形成麸质的话，面团会变得筋道、紧实，
所以在制作的时候尽量不要揉搓，
只要让面粉成团，略微搅拌至看不到面粉颗粒即可。

材料 20个的量

有机高筋粉 160g
原种 40g
盐 2g
有机砂糖 50g
水 45ml
橄榄油 30ml

推荐的天然发酵种

面粉种

苹果种

无花果种

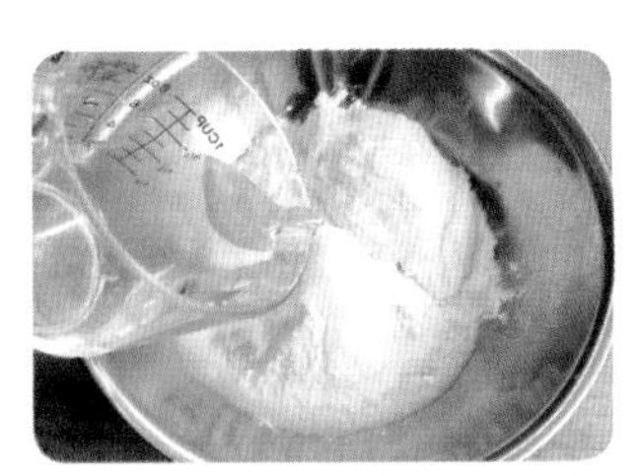

1 **制作面团** 将原种、盐、砂糖和水加入到过筛后的高筋粉中，均匀搅拌后再加入橄榄油稍微搅拌。

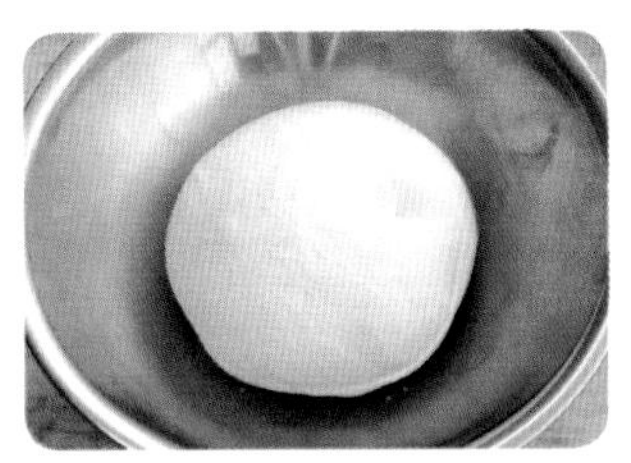

2 **发酵** 将面团覆盖上塑料膜，放置在27℃的温度下发酵2~3小时。

3 **醒面团** 将发酵后的面团装在塑料袋里，放进冰箱醒上20~30分钟。

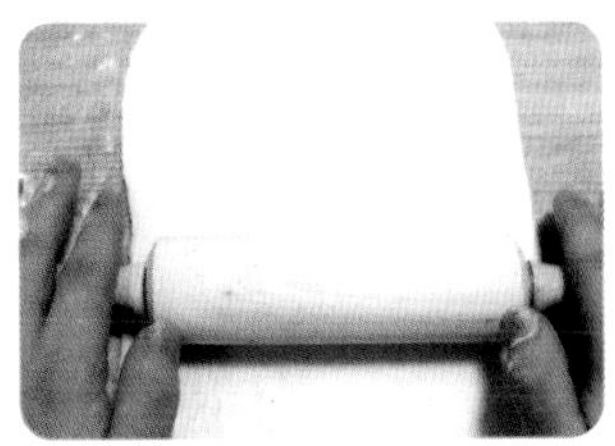

4 **擀面团** 将醒好的面团放在撒了面粉的案板上，用擀面杖擀成厚度在1mm以下的薄片。

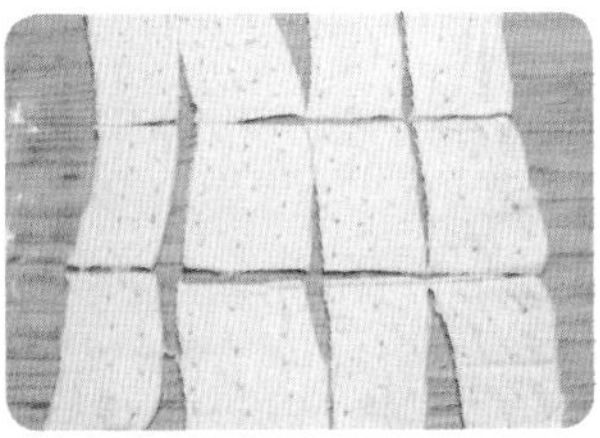

5 **分割面团** 用金属刮刀将擀成薄片的面团切成3cm×4cm左右的大小，放在烤盘中，用叉子扎出小洞。

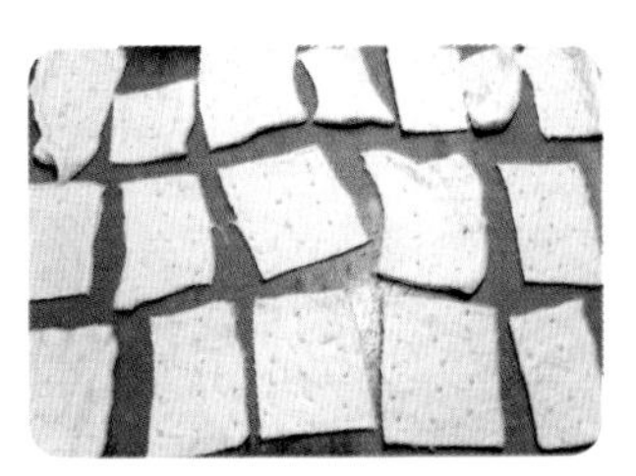

6 **入烤箱烘烤** 将整好形的面片放进170℃预热的烤箱中烘烤15分钟左右。

烘焙笔记

梳打饼干与面包不同，如果产生面筋的话会变得很筋道，影响口感。因此在混合粉类材料制作成面团的时候，稍微搅拌至看不见面粉颗粒的程度就可以了。

制作天然发酵面包时遇到的问题

问：第一次发酵结束之后，面团变得稀稀软软的。

大概是使用了没有发酵能力的、时间过久的原种，才会出现面团变得稀软的情况。如果原种放置太久的话，会有杂菌繁殖，从而分解蛋白质和麸质成分，面团就会产生这样的变化。变成了这样的面团因为已经生成了不好的菌类，即使可惜也必须丢弃掉。

问：烤出来的面包太硬了，吃起来很费劲。

面包变硬基本上是因为发酵进行得不完全。天然发酵面包会经过两次发酵，第一次发酵的时候如果进行得不完全，第二次发酵时也就无法挽回。因此在第一次发酵时，就应该花些心思、充分地让面团发酵。如果发酵不足的话，酵母的活动也会变少，面包就因此变硬了。市场上贩卖的柔软、入口即化的面包大部分是依靠商业酵母和合成膨胀剂的效果。完全没有任何添加剂的天然发酵面包只通过酵母就能做出充分的柔软的口感，因此在发酵时请多费些心思。

问：面包不管怎么烤也无法上色。

如果面团的发酵过度了，就无法轻易上色。面团受热的时候，蛋白质和葡萄糖会产生反应、呈现出颜色。但是长时间发酵后的面团里面葡萄糖几乎消失殆尽，颜色就无法呈现出来了。

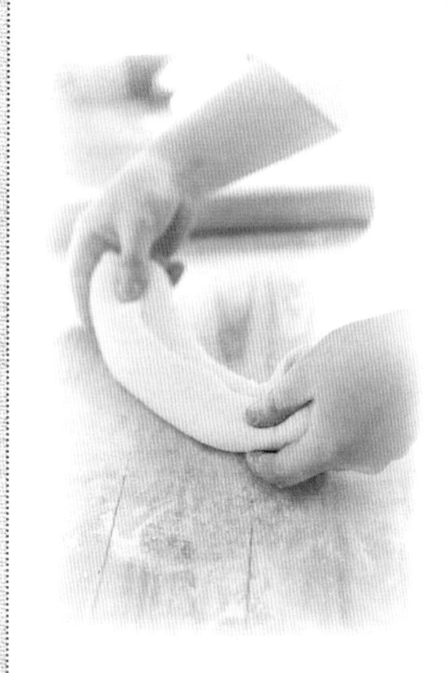

大部分面团在膨胀至2~2.5倍左右时，就是发酵得合适的时候，这需要随时检查发酵的状态。但是如果颜色还是不能呈现出来，可以在面团上涂抹鸡蛋液或者融化的黄油，这样烤制的时候能帮助上色。

问：面包里的酸味太重了。

面包里面出现酸味的过程，要么是使用了状态不好的天然发酵种，要么是就是在过高温度中进行发酵的结果。在将发酵种加入到面团之前，请先检查发酵种的状态。如果发酵种里面出现了过多的酸味或者恶臭的时候，请一定不要使用。

面团在30℃以上的温度里进行发酵，也有可能会产生酸味。因为在高温下，面团内部的乳酸菌会变得比酵母更强，如果有过多的乳酸菌生成，就会产生酸味了。

Part 6

水果和蔬菜满满的果蔬面包

蓝莓棒、玉米面包、胡萝卜面包、韩式大酱面包

核桃蔓越莓面包、无花果面包、葡萄干面包

黑麦核桃葡萄干面包、苹果酱甜饼、香草热狗面包、德国圣诞面包

比萨、托尼甜面包、南瓜糯米面包、蔓越莓南瓜面包

蓝莓棒

☆☆☆ ⌛ 200℃ _ 15 分钟

加入了酸酸甜甜的蓝莓和水果干制成的富含营养的蓝莓棒。
蓝莓中含有丰富的花青素成分，
具有防止老化、保护视力的卓越功效。

材料 15个的量

有机高筋粉 250g
原种 130g
盐 5g
有机砂糖 20g
鸡蛋 1/2 个
水 125ml
黄油 25g
蓝莓干 25g
综合水果干 20g
黑麦粉少许

推荐的天然发酵种

苹果种

大米种

草莓种

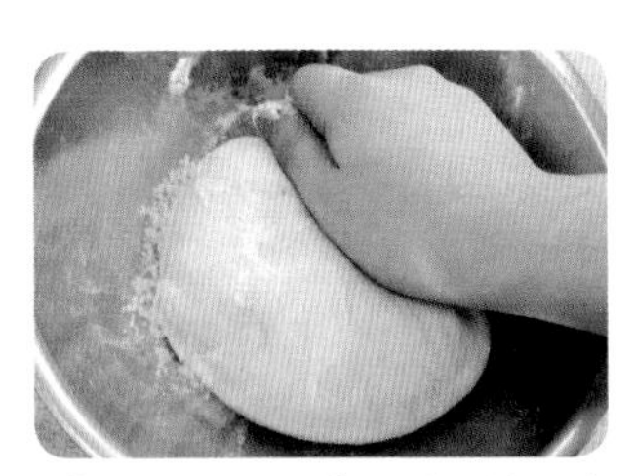

1 **制作面团** 将原种、盐、砂糖、鸡蛋和水加入到过筛后的高筋粉里，混合均匀后，再放入黄油，揉搓面团使其变得平整。

2 **加入水果干** 将蓝莓干和综合水果干加入揉好的面团中，混合均匀后揉搓面团将其表面变得平整。

3 **第一次发酵** 给揉好的面团覆盖上塑料膜，放在27℃的温度下2~3小时进行发酵，直到面团的体积膨胀到原来的两倍以上。

4 **分割面团后醒面** 将经过了第一次发酵的面团分成每份30g的小面团，分别揉圆后覆盖上塑料膜，醒20~30分钟。

5 **整形** 在案板上撒上充足的黑麦粉，然后将面团放上去，用手掌推揉，做成长条状。

6 **第二次发酵** 将被揉成了长条的面团放置在30℃的温度下90~120分钟，进行第二次发酵。

7 **入烤箱烘烤** 将发酵完的面团放进200℃预热的烤箱中，烘烤15分钟。

烘焙笔记

如果在水果干露在面团外面的状态下进行烘烤的话，很容易产生苦味，需要引起注意。如果想呈现水果干露在外面的样子，不妨在面团上盖一张纸，用较低的温度烘烤。这样做能够一定程度上避免水果干被烤糊。

玉米面包 ☆☆☆ ⌛ 200℃ _ 20 分钟

咀嚼时，能够感受到饱满的玉米那粒粒分明的口感的面包。
用满满的玉米粒，代替会妨碍天然发酵面包的面团进行发酵的玉米面，
制作成好吃的玉米面包。

材料 2个的量

有机高筋粉 250g
原种 120g
盐 6g
有机砂糖 12g
牛奶 15ml
水 125ml
黄油 10g
玉米粒 100g
鸡蛋液少许
（鸡蛋 1/2 个，牛奶 50ml）

推荐的天然发酵种

苹果种

葡萄干种

酒曲种

1 **制作面团** 将原种、盐、砂糖、牛奶和水加入到过筛后的高筋粉里，混合均匀后，再放入黄油，揉搓面团使其变得平整。

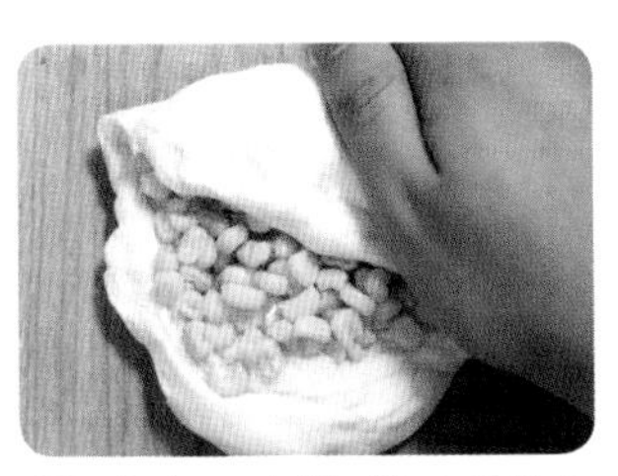

2 **加入玉米粒** 将玉米粒全部加入到揉好的面团中，揉搓面团将其混合均匀。

3 **第一次发酵** 给揉好的面团盖上塑料膜，放在 27℃的温度下 3~4 个小时进行发酵。然后将面团平均分成两份，分别揉圆后再醒 20~30 分钟。

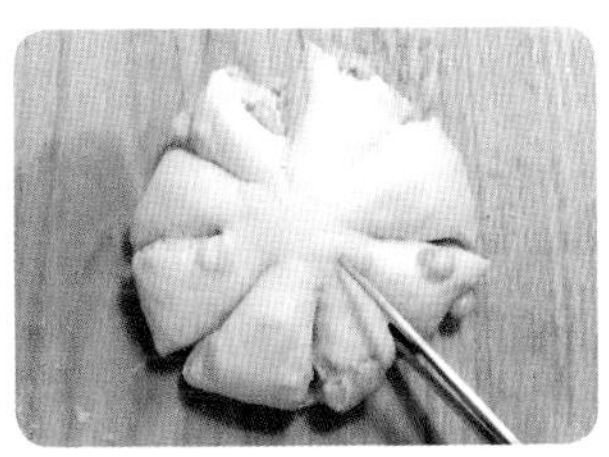

4 **给边缘整形** 用擀面杖将面团擀成扁圆形后，用剪刀在面团的边缘处旋转着剪出一圈开口，然后用手指在面团的中间部分用力按下。

5 **第二次发酵** 将整形好的面团放置在 30℃的温度下 90~120 分钟，进行第二次发酵，直到面团的体积膨胀为原来的 2.5 倍。

6 **入烤箱烘烤** 用毛刷在面团上均匀涂抹鸡蛋液，然后放进 200℃预热的烤箱中，烘烤 20 分钟左右。

烘焙笔记

如果使用的是罐头装的玉米粒，应该先将水分完全沥干再使用，以防止面团变得稀软。

胡萝卜面包 ☆☆☆ 200℃ _ 15 分钟

由充满了对眼睛有益的胡萝卜素和维生素的胡萝卜，
榨成汁加入到面团里，制作出的营养鲜活的面包。
再加上一些葡萄干，让美味成双。
就算是不爱吃胡萝卜的孩子们，也能没有丝毫反感地吃得很香。

材料 13个的量

有机高筋粉 250g
原种 130g
盐 5g
有机砂糖 20g
胡萝卜汁 100ml
鸡蛋 1/2 个
黄油 25g
葡萄干 70g
鸡蛋液少许
（鸡蛋 1/2 个，牛奶 50ml）

推荐的天然发酵种

胡萝卜·山药种

葡萄干种

苹果种

烘焙笔记

可以购买市面上销售的有机胡萝卜汁代替将胡萝卜榨汁的过程，简化操作。但是因为市面上销售的胡萝卜汁添加了砂糖，所以食谱中的砂糖量需要减半。

1 **制作面团** 将原种、盐、砂糖、胡萝卜汁和鸡蛋加入到过筛后的高筋粉里，混合均匀后再放入黄油，揉搓面团使其变得平整。

2 **加入葡萄干** 将葡萄干全部加入到揉好的面团中，揉搓面团使其全部混合均匀。

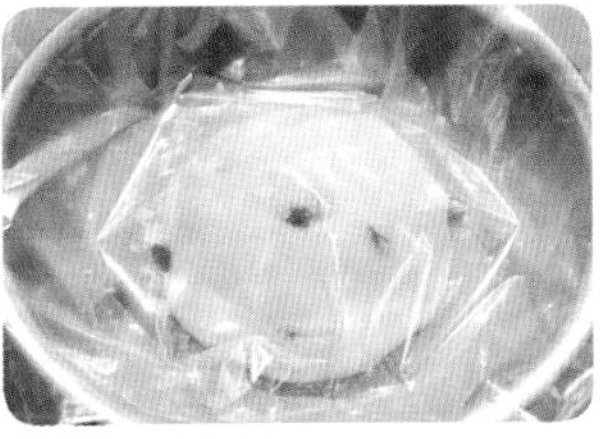

3 **第一次发酵** 将面团整理得平整后，放入碗里，覆盖上塑料膜，放在27℃的温度下3~4个小时进行发酵。

4 **分割面团** 将经过了第一次发酵的面团平均分成每份40g的小面团，分别揉成圆球状。

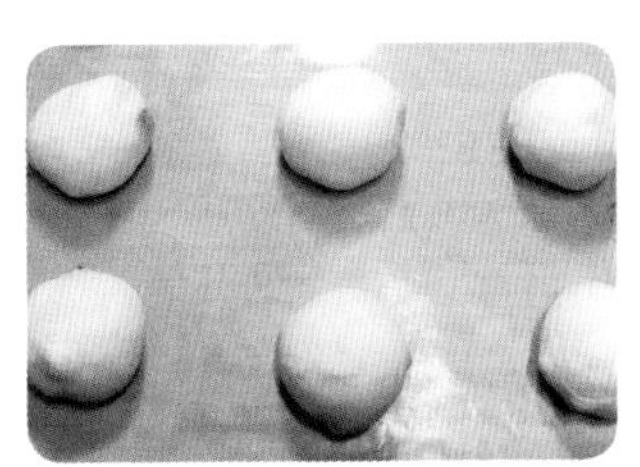

5 **第二次发酵** 将揉圆的面团放在烤盘里，覆盖上塑料膜，然后放置在30℃的温度下100分钟左右，进行第二次发酵。

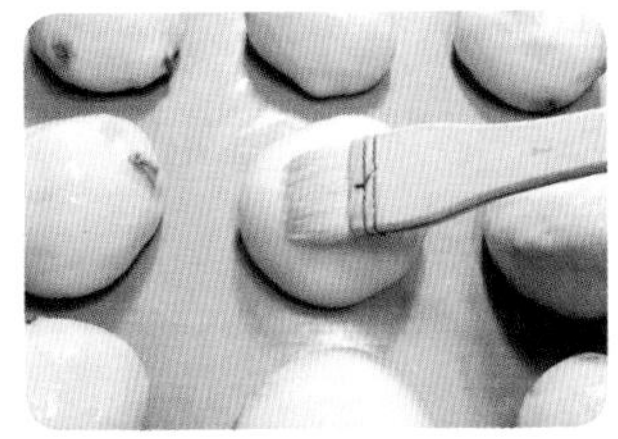

6 **涂抹鸡蛋液** 用毛刷在发酵好的面团上均匀涂抹鸡蛋液。

7 **剪出十字** 用剪刀在涂好了鸡蛋液的面团顶上剪出小小的十字。

8 **入烤箱烘烤** 将面团放进200℃预热的烤箱中，烘烤15分钟左右。

韩式大酱面包

☆☆☆ 200℃ _ 15 分钟

用韩国的代表性发酵食品——大酱制成的
well-being 面包。
将大酱和洋葱一起翻炒，能够去掉不好闻的味道，
只留下香味。
用来制作韩式烤牛肉三明治也很合适。

材料 5个的量

有机高筋粉 250g
原种 120g
盐 3g
有机砂糖 12g
牛奶 15ml
水 125ml
洋葱末 30g
大酱 2 大勺
橄榄油 1 大勺
鸡蛋液少许
（鸡蛋 1/2 个，牛奶 50ml）

推荐的天然发酵种

大米种

酒曲种

葡萄干种

1 翻炒洋葱 在烤热的锅里倒入橄榄油，放入洋葱末翻炒至呈现浅褐色，然后加入大酱，翻炒出香味。

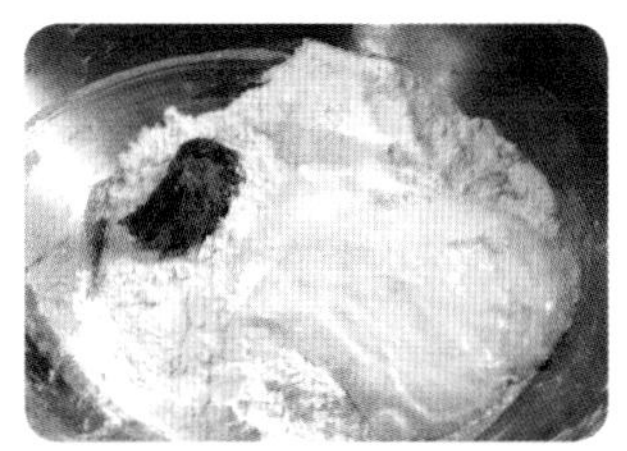

2 制作面团 将原种、盐、砂糖、牛奶、水和炒好的洋葱加入到过筛后的高筋粉里，混合均匀后，揉搓面团使其变得平整。

3 第一次发酵 将揉好的面团整理平整，放入碗里，覆盖上塑料膜，放在 27℃的温度下发酵 3 个小时。

4 醒面团 将经过第一次发酵的面团平均分成每份 100g 的小面团，分别揉圆后再覆盖上塑料膜，醒上 20~30 分钟。

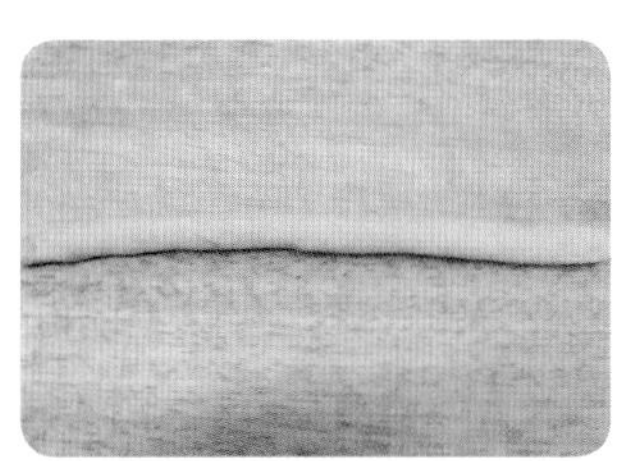

5 将面团搓成长条 用手将醒好的面团分别搓成细长的条状。

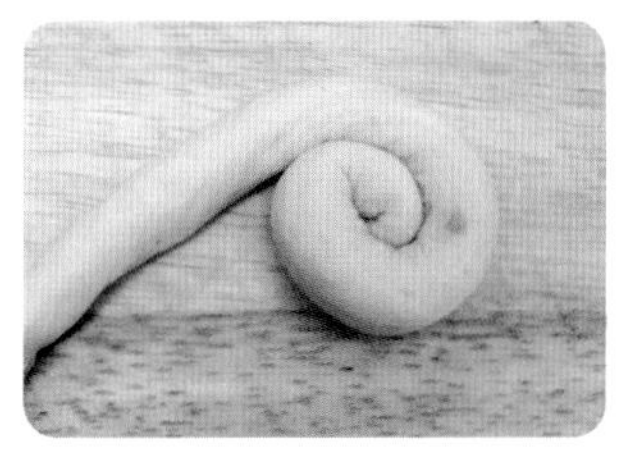

6 整形 将细长条状的面团松松地一圈一圈卷起来，做成蜗牛的形状，并将尾端粘住固定。

7 第二次发酵 将整形好的面团放置在 30℃的温度下 100 分钟，进行第二次发酵，直到面团体积膨胀为原来的 2 倍以上。

8 入烤箱烘烤 用毛刷在面团上均匀涂抹鸡蛋液，然后放进 200℃预热的烤箱中，烘烤 10~15 分钟左右。

烘焙笔记

制作面包之前翻炒大酱，一方面是为了去除味道、让大酱只留下香味，但更主要是因为大酱中含有的各种酵素会分解面团的淀粉质和蛋白质。所以为了防止发酵无法顺利进行的情况出现，先加入洋葱一起翻炒之后，再用来制作面包更好。

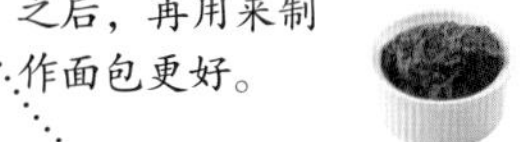

核桃蔓越莓面包 ☆☆☆ 180℃ _ 30 分钟

黑麦的清淡味道，加上喷香的核桃、酸甜的蔓越莓，
极大地提升了口味。不涂抹任何果酱或者黄油，
直接品尝，才能享受到核桃蔓越莓面包的天然美味。

材料 2个的量

有机高筋粉 200g
黑麦粉 50g
原种 125g
盐 6g
有机砂糖 10g
水 125ml
黄油 10g
核桃末 50g
蔓越莓末 50g

推荐的天然发酵种

面粉种

葡萄干种

葡萄种

1 **制作面团** 将黑麦粉、原种、盐、砂糖和水加入到过筛后的高筋粉里，混合均匀后再放入黄油，揉搓面团使其变得平整，然后再加入核桃末和蔓越莓末。

2 **第一次发酵** 将面团整理得平整后，放入碗里，覆盖上塑料膜，放在27℃的温度下3~4个小时进行发酵，再将发酵后的面团平均分成两半，分别揉圆后醒20分钟左右。

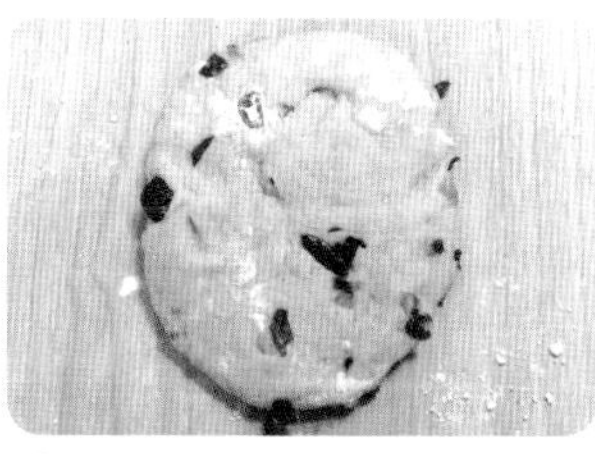

3 **擀面团** 用擀面杖将醒好的面团擀成扁平的圆形。

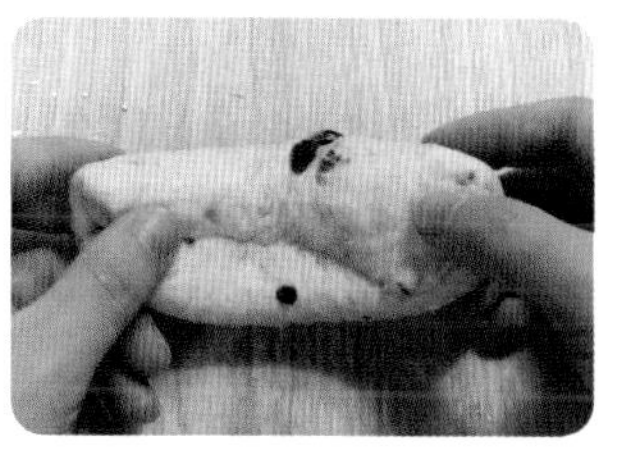

4 **整形** 将扁平的面团折叠两三次，整理成长椭圆形。

5 **第二次发酵** 将做成了长椭圆形的面团覆盖上塑料膜，然后维持30℃的温度，发酵90~120分钟左右，直到面团的体积膨胀为原来的两倍。

6 **制造蒸汽效果** 在烤盘上排满石头，放在烤箱最下面一格，将烤箱预热到220℃烤热石头。然后在石头上淋80ml左右的水，制造出蒸汽效果。

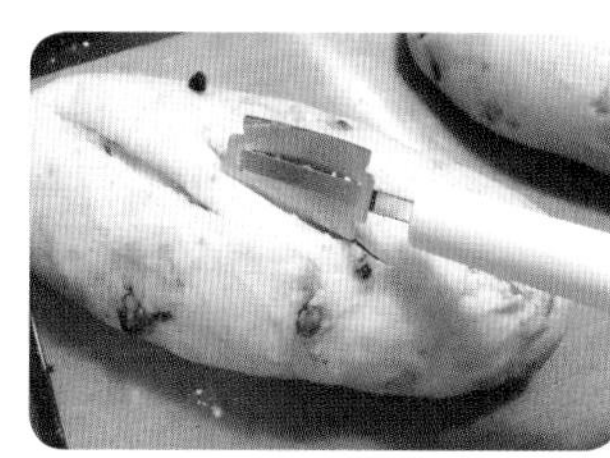

7 **划出刀口** 将发酵好的面团放在烤盘里，用面包割口刀在上面各划出3条斜线的刀口。

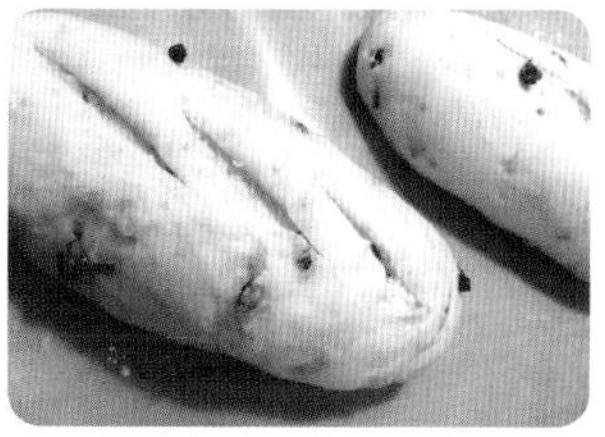

8 **入烤箱烘烤** 将盛有面团的烤盘放在发热石头的上层，在有蒸汽升腾的状态下烘烤10分钟左右。当面团出现颜色变化时，将烤箱温度降低至180℃，再烤25~30分钟。

烘焙笔记

先把核桃用平底锅稍微翻炒一下，然后放进180℃的烤箱中烘烤2分钟左右再加入到面团中，这样核桃的味道会更加浓郁。还可以用大麦粉代替黑麦粉，做出的面包也会有着绝妙的香气。

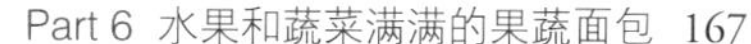

无花果面包 ☆☆☆ 200℃ _ 30 分钟

将含有丰富的抗氧化成分的无花果提前在水里浸泡一个小时左右，
就能让无花果的味道更香甜。
如果同时搭配无花果种作为发酵种的话，
更是能做出不仅味道更好吃，还对身体有益的无花果面包。

材料 1个的量

有机高筋粉 250g
原种 120g
盐 5g
有机砂糖 10g
水 130~140ml
黄油 10g
无花果干 10 颗
葵花籽 5 大勺
鸡蛋液少许
（鸡蛋 1/2 个，牛奶 50ml）

推荐的天然发酵种

无花果种

葡萄干种

橘子种

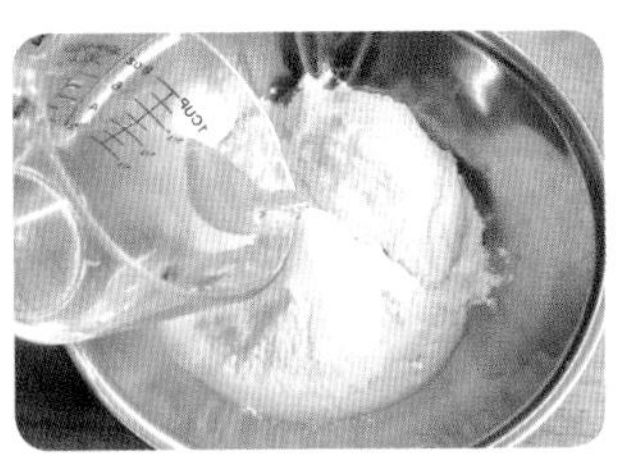

1 **制作面团** 将原种、盐、砂糖和水加入到过筛后的高筋粉里，混合均匀后，再放入黄油，揉搓面团。

2 **第一次发酵** 揉搓面团使其变得平整，然后覆盖上塑料膜，放置在 27℃的温度下，发酵 3~4 小时。

3 **按平面团** 将经过第一次发酵后的面团放在案板上，用手将面团按压成扁平的圆形。

4 **将无花果、葵花籽放进去** 将无花果和葵花籽放在按扁的面团上，反复揉面团使其混合均匀。然后覆盖上塑料膜，醒 20 分钟左右。

5 **做成椭圆形** 将醒好的面团用擀面杖擀平，再卷起来做成长椭圆形，放在烤盘里。

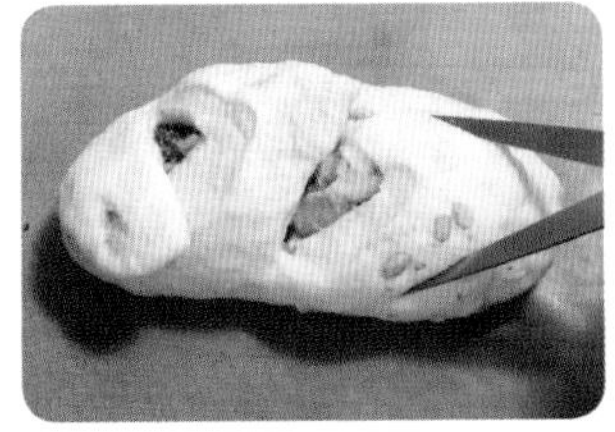

6 **用剪刀剪出形状后烘烤** 在面团的上面用剪刀粗略地剪开几个口子，覆盖上塑料膜，在 30℃的温度下发酵 90~120 分钟后，放进 200℃预热的烤箱中烘烤 20~30 分钟。

烘焙笔记

将无花果干提前在水中浸泡一个小时左右，让它变得湿润之后再放进面包中。或者在香味好闻的红酒中浸泡一阵之后再使用，味道会更好。

葡萄干面包 ☆☆☆ 200℃ _ 30 分钟

没有特别添加其他材料、只用葡萄干简单制作成的面包。
入口香甜柔软，再加上新月般的造型，令孩子们特别喜欢。
葡萄干面包用葡萄干种来发酵，效率最高。

材料 1个的量

有机高筋粉 250g
原种 120g
盐 5g
有机砂糖 10g
水 130~140ml
黄油 10g
葡萄干 200g
鸡蛋液少许
（鸡蛋 1/2 个，牛奶 50ml）

推荐的天然发酵种

葡萄干种

葡萄种

橘子种

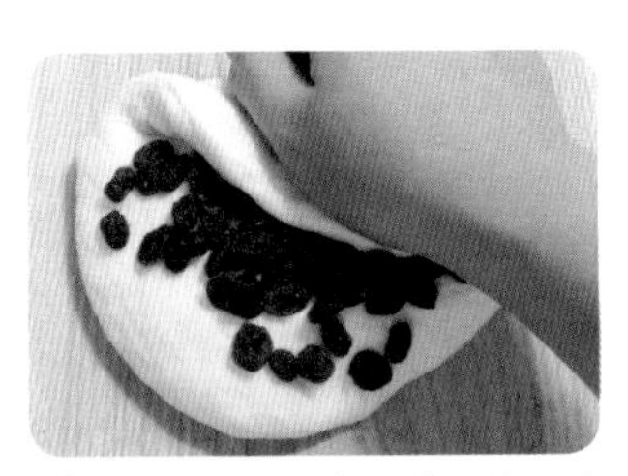

1 **制作面团** 将原种、盐、砂糖和水加入到过筛后的高筋粉里，混合均匀后再放入黄油，揉搓面团使其变得平整，最后再加入葡萄干，混合均匀。

2 **第一次发酵** 将揉好的面团整理得平整后，放入碗里，覆盖上塑料膜，放在 27℃的温度下 3~4 个小时进行发酵，之后再将面团放在室温内醒 20 分钟左右。

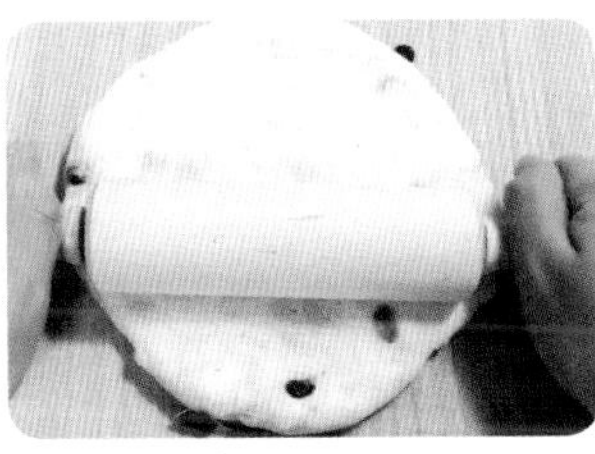

3 **擀面团** 用擀面杖将醒好的面团擀成扁平的圆形。

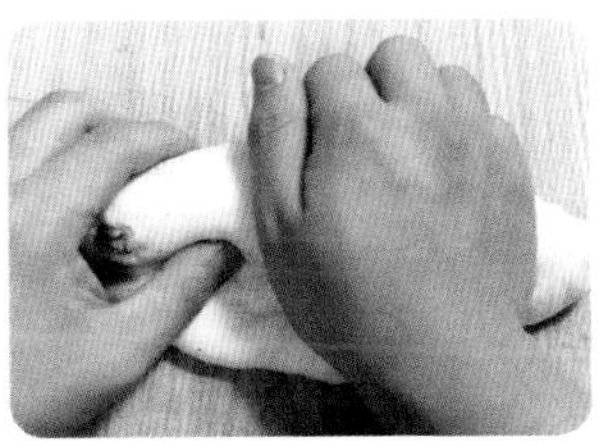

4 **做成椭圆形** 将扁平的面团用手卷起来，整理成长椭圆形。

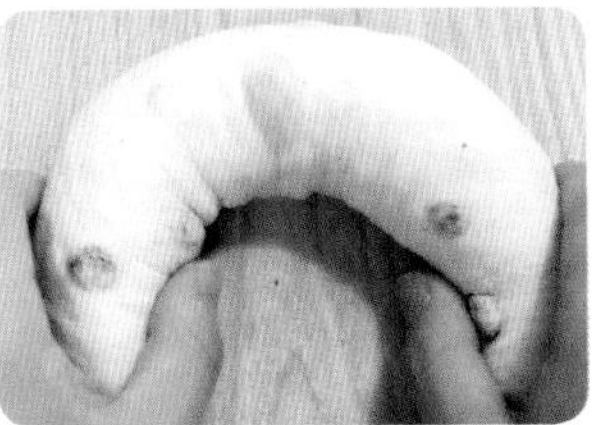

5 **做成新月形** 将长椭圆形的面团两边稍微合拢，做成新月的形状。

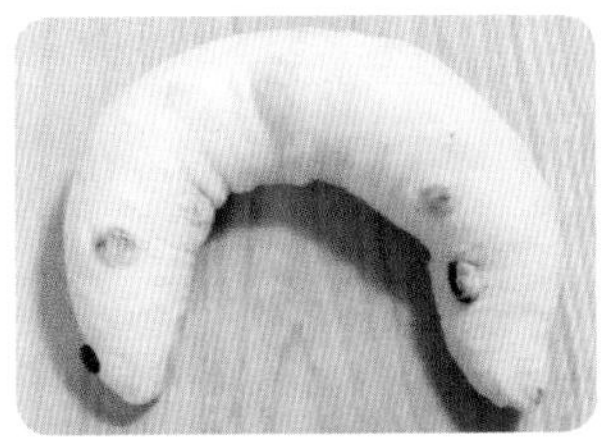

6 **第二次发酵** 将做成新月形的面团覆盖上塑料膜，然后放置在 30℃的温度下 90~120 分钟左右，进行第二次发酵。

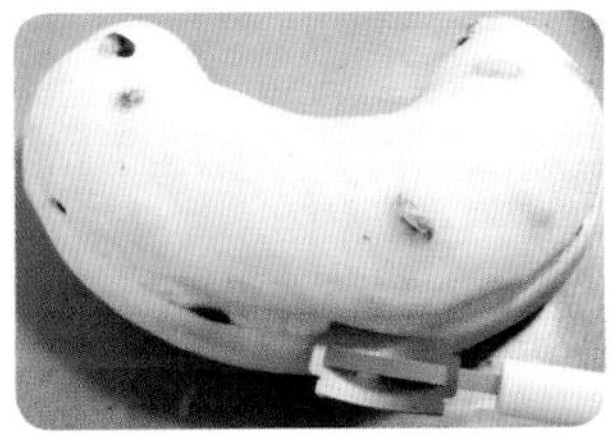

7 **划出刀口** 用面包割口刀在发酵好的面团背面各划出一道刀口。

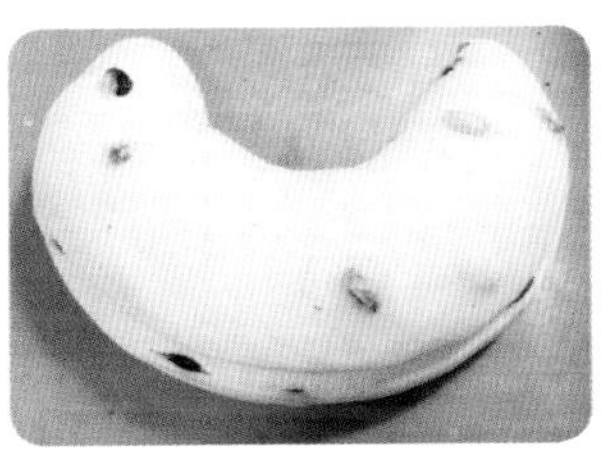

8 **入烤箱烘烤** 用毛刷在面团上均匀涂抹鸡蛋液，然后放进 200℃预热的烤箱中，烘烤 20~30 分钟左右。

烘焙笔记

挑选葡萄干的时候应选择表面没有打过蜡的葡萄干。如果是用有机食品，则发酵将更容易顺利进行。

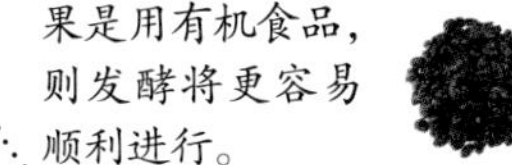

黑麦核桃葡萄干面包

☆☆☆ 200℃ _ 15 分钟

加入了裸麦（黑麦）、核桃和葡萄干的法式面包。
气孔小而口感紧致的黑麦核桃葡萄干面包，
越嚼越能感受到它深厚的香味。

材料 9个的量

有机高筋粉 180g
黑麦粉 70g
原种 120g
盐 5g
有机砂糖 15g
水 130~140ml
黄油 25g
葡萄干 90g
碎核桃 90g

推荐的天然发酵种

面粉种

葡萄干种

酸奶种

1 **制作面团** 将黑麦粉、原种、盐、砂糖和水加入到过筛后的高筋粉里，混合均匀后再放入黄油，揉搓面团，然后再加入核桃和葡萄干，混合均匀。

2 **第一次发酵** 将揉好的面团整理得平整后，放入碗里，覆盖上塑料膜，放在27℃的温度下3~4个小时，进行第一次发酵。

3 **醒面团** 将经过第一次发酵后的面团平均分成每份60g的小面团，分别揉圆并将表面整理平整后，醒20分钟左右。

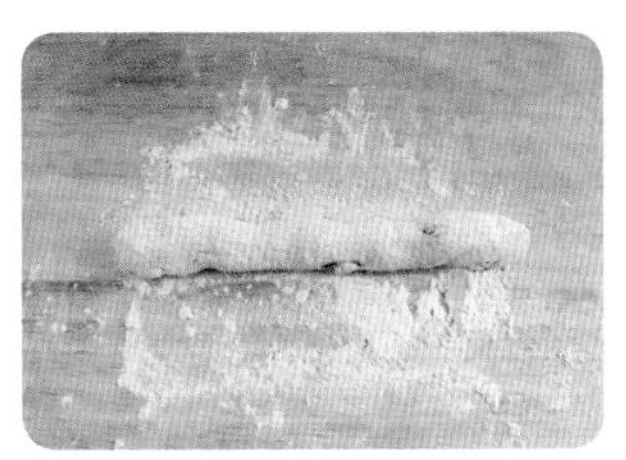

4 **擀面团** 在案板上撒上足够的黑麦粉，将醒好的面团分别用手推滚成细长的条状。

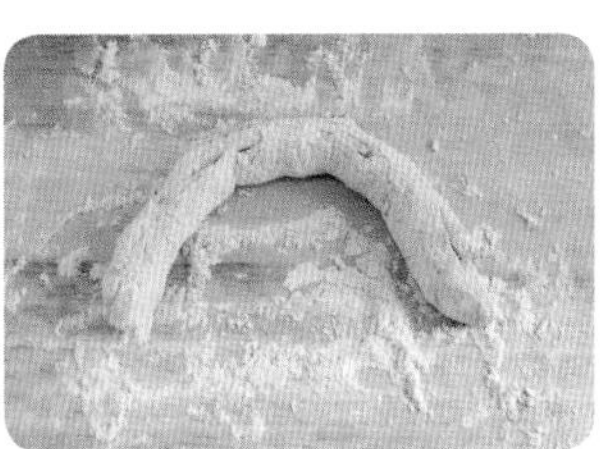

5 **整形** 将细长条状的面团两端合拢一些，做成马蹄的形状。

6 **第二次发酵后烘烤** 将做成了马蹄形的面团放在烤盘上，覆盖上塑料膜，维持30℃的温度发酵100分钟左右，然后放入200℃预热的烤箱中烘烤15分钟左右。

烘焙笔记

将葡萄干在水里浸泡一个小时左右，核桃提前在平底锅中略微翻炒后一并加入到面团中，从而收获更好的味道。葡萄干尽量不要露在面团外面，不然面包会出现苦味。

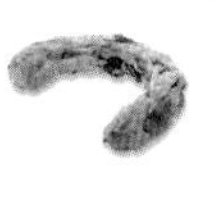

苹果酱甜饼

☆☆☆ 200℃ _ 15 分钟

冬季的韩国街道上，随处可见的小点心、甜饼。
用苹果酱和坚果取代了糖稀作为馅料填充，
用烤箱也能烤出健康美味的韩国甜品。
而且没有经过油炸，味道清淡，口感清爽。

材料 7个的量

有机高筋粉 250g
原种 120g
盐 6g
有机砂糖 12g
牛奶 15ml
水 125ml
黄油 10g

馅料
苹果酱 200g
桂皮粉 1/4 小勺
花生 20g
核桃 20g

推荐的天然发酵种

无花果种

草莓种

天贝种

1 **制作面团进行第一次发酵** 参考 50 页基本面团的制作方法，按食谱中标明的材料的分量制作出面团，然后进行第一次发酵。

2 **醒面团** 将经过第一次发酵后的面团平均分成每份 70g，分别揉成圆球状，然后盖上塑料膜，醒 20~30 分钟。

3 **擀面团** 用擀面杖将醒好的面团一个一个擀成扁平的圆饼。

4 **放入馅料** 在每份面团中间放上桂皮粉、花生、核桃，包好后放在烤盘里，稍微按扁一些。

5 **第二次发酵** 将包好了馅料的面团覆盖上塑料膜后，放置在 30℃的温度下，发酵 90~120 分钟左右。

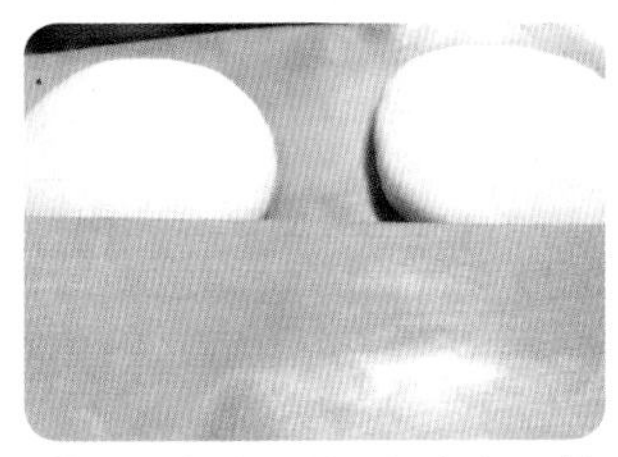

6 **入烤箱烘烤** 在烤盘上铺上硅油纸，然后将发酵好的面团放在上面，在 200℃预热的烤箱中烘烤 15 分钟左右。

烘焙笔记

像普通的甜饼一样，苹果酱甜饼用平底锅煎烤也很好吃。将面团放在平底锅上之后，盖上锅盖，用非常小的火煎成两面金黄就可以了。

香草热狗面包 ☆☆☆ 200℃ _ 15 分钟

在很受小朋友欢迎的热狗面包里，加入香草，
去掉了热狗本身的气味和油腻的口感。
制作香草热狗面包，适合用发酵能力好的大米种或者葡萄干种。

材料 12个的量

有机高筋粉 250g
原种 130g
盐 5g
有机砂糖 20g
鸡蛋 1/2 个
水 130ml
黄油 25g

罗勒叶 5 片
洋葱 1/2 颗
甜椒 1/2 颗
胡萝卜 1/2 颗
罐头玉米 100g
热狗 12 根
马苏里拉奶酪、
番茄酱、美乃滋适量

推荐的天然发酵种

大米种

酒曲种

葡萄干种

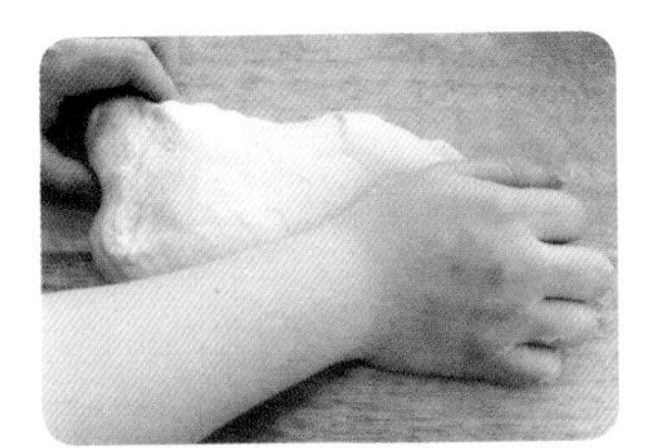

1 制作面团 参考 50 页基本面团的制作方法，按食谱中标明的材料分量进行混合，制作出面团。

2 第一次发酵 将面团整理平整光滑后，覆盖上塑料膜，放置在 27℃的温度下 3~4 小时，进行第一次发酵。

3 醒面团 将经过第一次发酵后的面团平均分成每份 45g，分别揉成圆球状，然后盖上塑料膜，醒 20~30 分钟。

4 准备蔬菜 将罗勒叶、洋葱、青椒、胡萝卜切碎，与沥干水分的罐头玉米均匀地搅拌到一起。

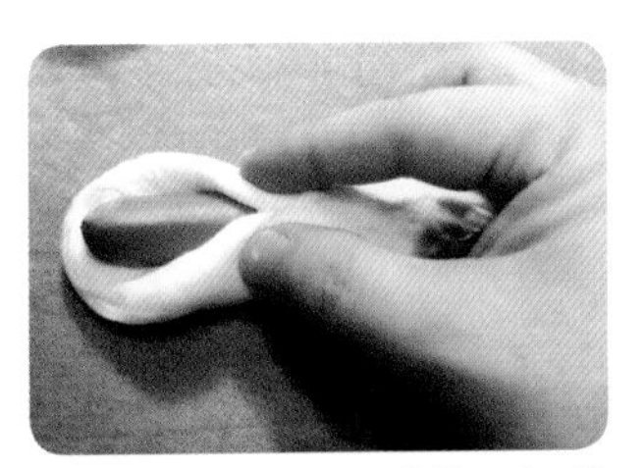

5 加入热狗 用手将醒好的面团推展开，做成长条状，将热狗摆在中间，然后用面团包裹住。

6 做成落叶的造型 将包裹了热狗的面团放到烤盘里，然后用剪刀“之”字形剪开，做成落叶的造型。

7 第二次发酵 将做好造型的面团覆盖上塑料膜后，放置在 30℃的温度下，发酵 90~120 分钟左右。

8 入烤箱烘烤 把准备好的蔬菜放在面团上，然后淋上番茄酱和美乃滋，放进 200℃预热的烤箱中，烘烤 15 分钟左右。

烘焙笔记

可以在烤好的香草热狗面包上，撒上薄荷等香草的叶子，既能作为点缀，又增添了香味。

德国圣诞面包

☆☆☆ 180℃ _ 20 分钟

加入了各种各样的水果干制成的这款面包，是德式的传统圣诞面包。
德国人在圣诞节来临的几个月前就开始提前制作圣诞面包，
并且每个礼拜天都吃一块，等待着圣诞节的到来。

材料 2个的量

有机高筋粉 250g
原种 130g
盐 5g
有机砂糖 20g
水 120ml
鸡蛋 1 个
肉豆蔻粉、桂皮粉各 1/4 小勺
黄油 30g
葡萄干 90g
综合水果干 50g

融化的黄油少许
糖粉适量

推荐的天然发酵种

大米种

胡萝卜·山药种

1 **制作面团** 将原种、盐、砂糖、水、鸡蛋、肉豆蔻粉和桂皮粉加入到过筛后的高筋粉里，混合均匀后再放入黄油，揉搓面团直到面团的表面变得平整，最后再加入葡萄干和各种水果干，混合均匀。

2 **第一次发酵** 将揉好的面团整理平整后放入碗里，覆盖上塑料膜，放在 27℃的温度下发酵 3~4 小时，然后将面团平均分成两半，放在室温下醒 20 分钟左右。

3 **擀面团** 将醒好的面团用擀面杖擀平，然后将中间部分再擀得薄一些，边缘部分留得厚实一点。

4 **整形** 将面团上下折叠，让上面的厚实的边缘部分与下面中间的凹陷处相重叠，做成有一道开口的形状。

5 **第二次发酵** 将做好造型的面团放在烤盘上，覆盖上塑料膜，然后放置在 30℃的温度下，发酵 90~120 分钟左右。

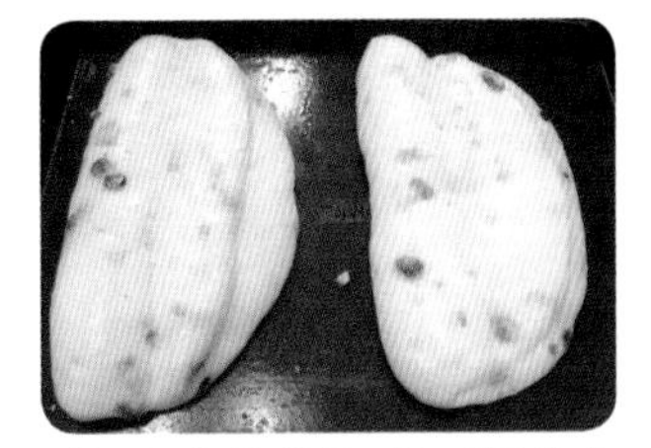

6 **入烤箱烘烤** 将面团放在烤盘上，用毛刷将融化的黄油均匀涂抹在面团上，然后放入 180℃预热的烤箱中烘烤 20 分钟左右。

烘焙笔记

圣诞面包上用黄油覆盖的表面，能够防止水分流失，糖粉则能够抑制微生物的生长，起到增强保存能力的作用。这样，圣诞面包就能在室温下放置很久慢慢食用了。

披萨

用披萨的原产地意大利的风格烤制的、形状很自然的披萨。
面团上涂抹了番茄酱之后，只需铺上马苏里拉奶酪和小番茄进行烘烤，
就能做出很像模像样的美味的意大利披萨了。

材料 2个的量

有机高筋粉 250g
原种 120g
盐 6g
有机砂糖 7g
水 130ml
橄榄油 2 大勺

番茄酱 6 大勺
小番茄 7 颗
罗勒叶 10 片
马苏里拉奶酪 1 杯
盐、胡椒、孜然粉少许

推荐的天然发酵种

面粉种

葡萄干种

松针种

1 **制作面团进行第一次发酵** 参考 50 页基本面团的制作方法，按食谱中标明的材料分量制作出面团，然后进行第一次发酵。

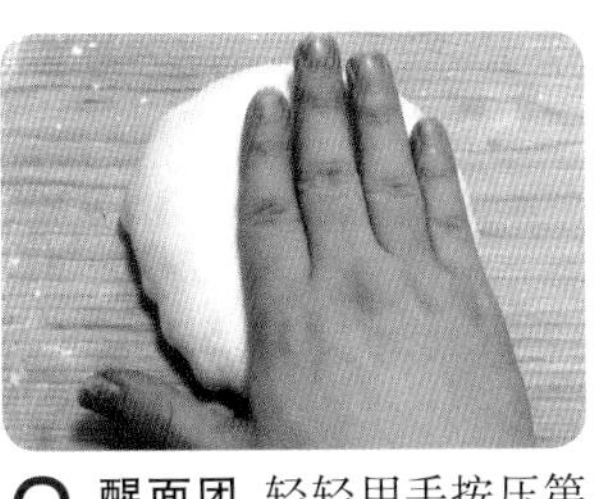

2 **醒面团** 轻轻用手按压第一次发酵后的面团，排出气体，然后将面团平均分成两半，揉成平滑的圆球状，覆盖上塑料膜，醒面团 30 分钟左右。

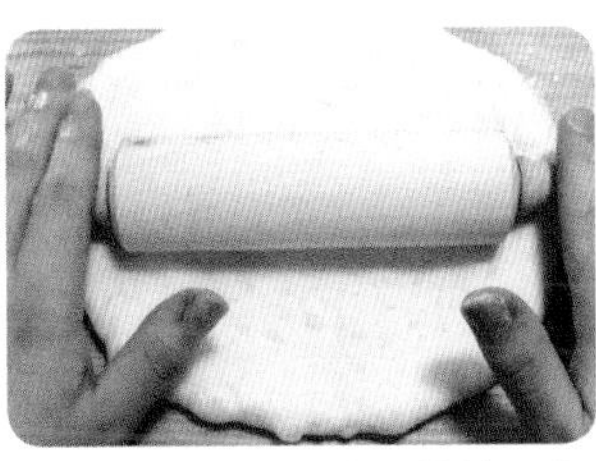

3 **擀面团** 用擀面杖将醒好的面团擀平，做成想要的披萨饼的形状。

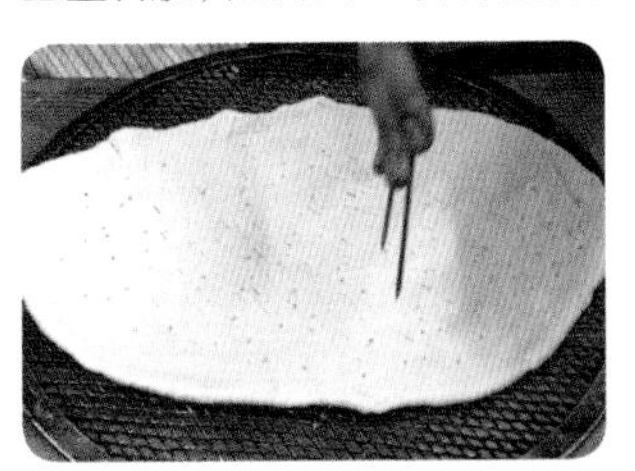

4 **在面团上戳洞** 将擀得薄薄的面团放在烤盘上，然后用筷子或者叉子，按照一定的间隔戳出小孔。

5 **放上奶酪和番茄** 在披萨饼皮上涂抹番茄酱，然后撒上奶酪之后，将小番茄切成两半放在上面，再摆上罗勒叶，涂抹橄榄油，最后撒上盐、胡椒粉和孜然粉。

6 **入烤箱烘烤** 将完成的披萨面团放入 230℃预热的烤箱中烘烤 10 分钟。

Plus Baking
番茄酱

材料 番茄罐头 400g、洋葱 1 颗、胡萝卜 1/2 根、芹菜 20g、橄榄油 30g、蒜泥 1 小勺、罗勒 1/2 小勺、月桂叶 1 张、奥勒冈叶 1 小勺、盐、砂糖和胡椒各适量

1 将洋葱、胡萝卜、芹菜切碎后，在倒过橄榄油的锅里与蒜泥一起翻炒。
2 将番茄罐头加入到第一步的锅中，用小火煮 15 分钟。
3 将罗勒、奥勒冈、月桂叶放入锅中，再稍微煮一下，然后加入盐、砂糖，还有胡椒粉。

托尼甜面包 ☆☆☆ ⌛ 180℃ _ 20 分钟

这款面包是意大利米兰地区的传统圣诞点心。
酸甜的味道，可以说是甜点中的极品。
做成杯子蛋糕一样的大小，不仅样子可爱，食用也很方便。

材料 9个的量

有机高筋粉 250g
原种 130g
盐 5g
有机砂糖 20g
水 100~110ml
鸡蛋 1 个
黄油 25g
葡萄干 100g
综合水果干 60g
糖粉适量

推荐的天然发酵种

面粉种

葡萄干种

大米种

1 **制作面团** 将原种、盐、砂糖、鸡蛋和水加入到过筛后的高筋粉里，混合均匀后再放入黄油，揉搓面团使其变得平整。

2 **加入水果干** 将蓝莓干和综合水果干加入到第一步揉好的面团中，糅合、揉搓至均匀。

3 **第一次发酵** 将揉好的面团整理平整，覆盖上塑料膜，放在 27℃的温度下发酵 3~4 个小时，直到面团体积膨胀到原来的两倍以上。

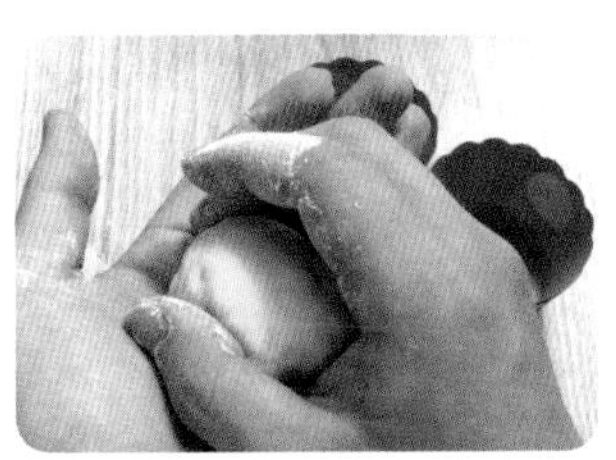

4 **分割面团后醒面** 将经过了第一次发酵的面团分成每份 60g 的小面团，分别揉圆后整理好外形。

5 **将面团放入烤模中** 将圆球状的面团一个一个地装进玛芬的纸质烤模中。

6 **第二次发酵后烘烤** 将放入了面团的纸质烤模，覆盖上塑料膜，然后放置在 30℃的温度下，发酵 100 分钟左右，再放入 180℃预热的烤箱中烘烤 15~20 分钟左右。

烘焙笔记

据传在 15 世纪，米兰的一位贵族为贫穷的面包师的女儿托尼做了这种面包，意大利语中，Pane 是面包的意思，Ttone 是指托尼，所以这款面包既有“潘妮托妮”这个音译名，又叫做“托尼的甜面包”。

南瓜糯米面包 ☆☆☆ ⌛ 180℃ _ 30 分钟

加入了味道香甜、营养丰富的南瓜做成的金黄色糯米面包。
有嚼劲的面包里裹满了各种坚果，口感非常有特色。
面团中加的水量，需要按照南瓜泥的水分含有量来进行调整。

材料 3个的量

有机高筋粉 250g
原种 100g
盐 4g
有机砂糖 10g
煮熟后碾成泥的南瓜 40g
水 110ml
橄榄油 1 大勺
鸡蛋液少许
（鸡蛋 1/2 个，牛奶 50ml）
南瓜子、核桃等坚果适量

馅料
糯米粉 180g
砂糖 60g
盐 1g
南瓜泥 25g
南瓜子 15g
葵花籽 15g
核桃 15g
热水 80~100ml

推荐的天然发酵种

胡萝卜·山药种

葡萄干种

大米种

烘焙笔记

糯米馅料需要用热水和面才更有嚼劲，重点在于一点一点地加入热水，做成稍微有点粥样的程度再停止搅拌。

1 **制作面团** 将原种、盐、砂糖、南瓜和水加入到过筛后的高筋粉中，均匀搅拌后再加入橄榄油，揉搓面团 15 分钟左右，直到面团的表面变得平整光滑。

2 **第一次发酵** 将面团整理平整光滑后放入碗里，覆盖上塑料膜，放置在 27℃的温度下 2~3 个小时，进行第一次发酵。

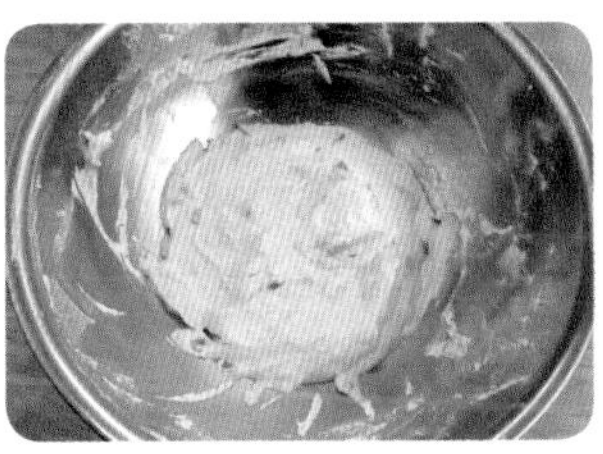

3 **准备馅料** 将去掉水分的馅料制作食材搅拌均匀后，分次倒入一点热水，做成面团。将面团包上保鲜膜，放在冰箱里醒 30 分钟。

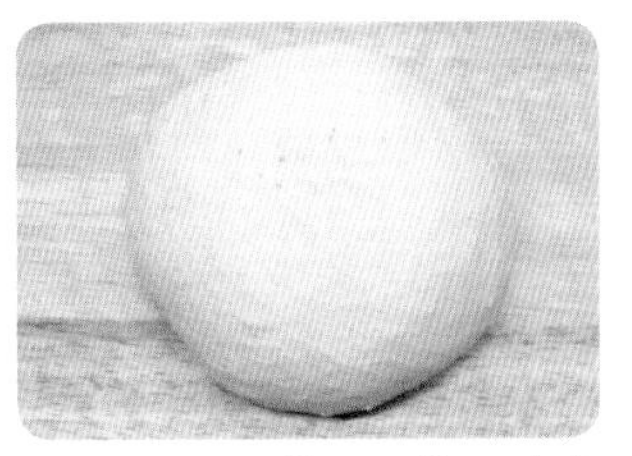

4 **醒面团** 将经过第一次发酵后的面团平均分成每份 160g，分别揉成圆球状，然后盖上塑料膜，在室温内醒 20~30 分钟。

5 **加入内馅** 用擀面杖将醒好的面团擀成扁平状，再抹上薄薄的一层准备好的馅料。

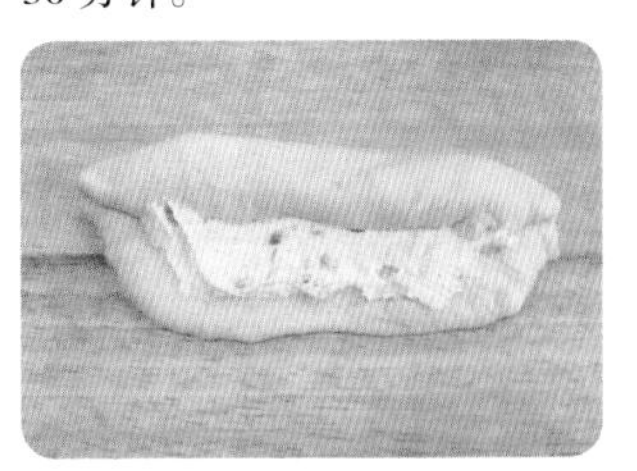

6 **整形** 用面团将馅料包裹起来，并卷成圆柱状，整理好外形。

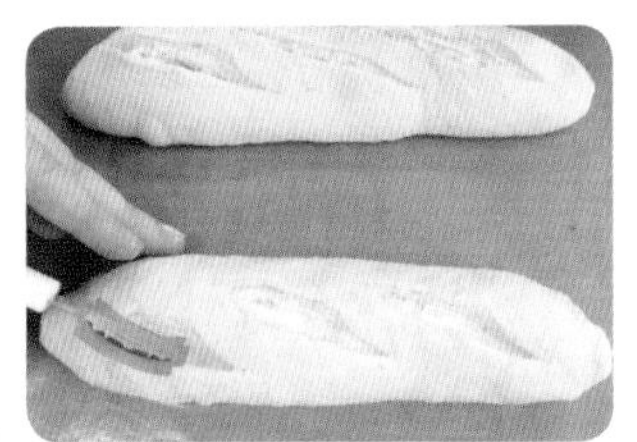

7 **第二次发酵与划出刀口** 将做好造型的面团覆盖上塑料膜后，放置在 30℃的温度下发酵 90~120 分钟左右，然后用面包割口刀沿着斜线在面团上划出刀口。

8 **入烤箱烘烤** 将完成的面团放进 180℃预热的烤箱中，烘烤 20~30 分钟左右。

蔓越莓南瓜面包 ☆☆☆ ⌛ 180℃ _ 30 分钟

含有丰富的维生素 C 和膳食纤维的蔓越莓，
再加上胡萝卜素和矿物质丰富的南瓜，
制作出的面包营养满分！
如果使用咕咕洛夫烤模来烘烤的话，
就算是新手也可以烤出漂亮的外形。

材料 1个的量

有机高筋粉 200g
原种 100g
盐 4g
有机砂糖 10g
水 90ml
橄榄油 1 大勺
煮熟后碾成泥的南瓜 40g
蔓越莓 60g

推荐的天然发酵种

糙米种

大米种

草莓种

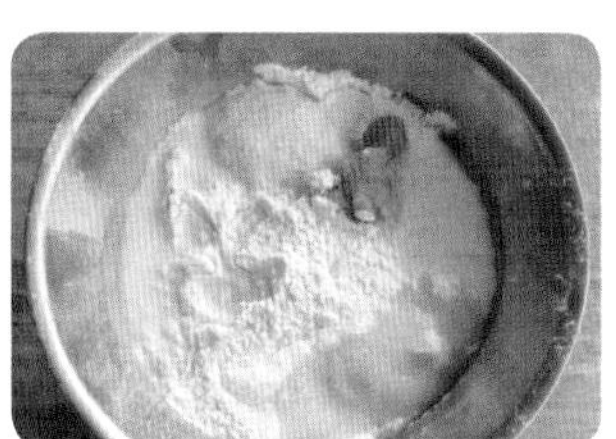

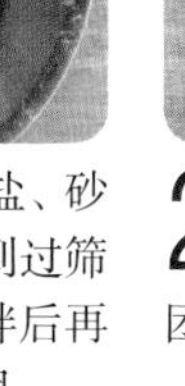

1 制作面团 将原种、盐、砂糖、南瓜和水加入到过筛后的高筋粉中，均匀搅拌后再加入橄榄油，揉搓成面团。

2 加入蔓越莓 在揉好的面团中加入蔓越莓，揉搓面团，使材料均匀混合。

3 第一次发酵 将面团整理平整后揉成圆球状，放入碗里，覆盖上塑料膜，放置在27℃的温度下 2~3 个小时，进行第一次发酵。

4 醒面团 将经过第一次发酵后的面团整理好形状，在中间穿上一个洞，做成甜甜圈的形状，然后醒面团 10 分钟。

5 将面团放入烤模中 将面团放进预先涂抹过油的咕咕洛夫烤模中，用力按紧面团的底部，不让下面的空间有空隙。

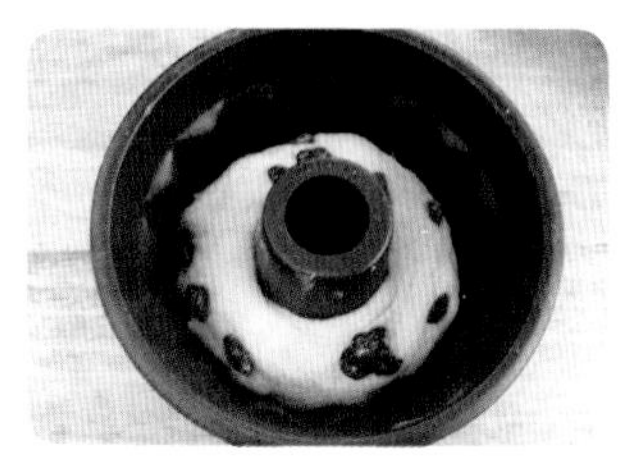

6 第二次发酵后入烤箱烘烤 给盛放在烤模中的面团覆盖上塑料膜，然后放置在 30℃的温度下，发酵 90~120 分钟左右，然后放入 180℃预热的烤箱中烘烤 20~30 分钟左右。

烘焙笔记

将南瓜切成两半，刮出里面的南瓜子，然后放进微波炉里加热 10 分钟左右，等南瓜熟透之后，将南瓜的内里刮出来，倒在筛子里，做成细细的南瓜泥。